Andrei Hornoiu

# Energetische Optimierung eines realen Gebäudes

Andrei Hornoiu

# Energetische Optimierung eines realen Gebäudes

## Unter Berücksichtigung der Wirtschaftlichkeit und Nachhaltigkeit

Lehrbuchverlag

**Imprint**
Any brand names and product names mentioned in this book are subject to trademark, brand or patent protection and are trademarks or registered trademarks of their respective holders. The use of brand names, product names, common names, trade names, product descriptions etc. even without a particular marking in this work is in no way to be construed to mean that such names may be regarded as unrestricted in respect of trademark and brand protection legislation and could thus be used by anyone.

Cover image: www.ingimage.com

Publisher:
Der Lehrbuchverlag
is a trademark of
International Book Market Service Ltd., member of OmniScriptum Publishing Group
17 Meldrum Street, Beau Bassin 71504, Mauritius

Printed at: see last page
**ISBN: 978-620-0-44418-9**

## Danksagung

Am Ende meines Studiums möchte ich mich vor allem bei meiner Familie bedanken. Ein ganz besonderer Dank gilt dabei meinen Eltern Dumitru und Maria Hornoiu, die mich die gesamte Zeit meines Studiums finanziell unterstützt haben und es mir damit ermöglicht haben, mein Studium möglichst effizient zu betreiben. Meinen Kusinen Annamaria und Brigitta Müller danke ich für ihre kurzfristige Unterstützung.

Bedanken möchte ich mich bei meinen Betreuern dieser Diplomarbeit, Frau Prof. Dipl.-Ing. Dr. techn. Azra Korjenic sowie Herrn Univ. Ass. Dipl.-Ing. Maximilian Neusser, auf deren Hilfe, Unterstützung und Ratschläge ich stets zählen konnte und die somit zum Gelingen dieser Arbeit beigetragen haben.

## Kurzfassung

### Energetische Optimierung eines realen Gebäudes unter Berücksichtigung der Wirtschaftlichkeit und Nachhaltigkeit

Die Europäische Union hat mehrere Maßnahmen zur Senkung des Energieverbrauchs sowie der $CO_2$-Emissionen um 20% bis 2020 vorgeschlagen. Im Sanierungsbereich müssen noch die Maßnahmen einem optimalen Kosten-Nutzen-Verhältnis entsprechen. Um diese Ziele zu erreichen werden in Österreich die Privatunternehmer mittels Förderungen für Sanierungsmaßnahmen finanziell unterstützt.

Im Rahmen dieser Arbeit wurden mögliche Sanierungsmaßnahmen für die Senkung des Energieverbrauchs und der $CO_2$-Emissionen eines realen Gebäudes untersucht und bewertet. Um dieses Ziel zu erreichen wurden alle Gebäudedaten (Geometrie, U-Werte, g-Werte der Fenster, innere Lasten usw.) erhoben und mittels bauphysikalischer Rechenprogramme untersucht. Auf Basis des entstandenen Rechenmodels wurden mehrere Sanierungsvarianten, mit einer Vielfalt an verschiedenen Baustoffen (ökologisch, nachwachsend, oder üblich benutzt) und Dämmstärken, bezüglich ihrer bauphysikalischen und wirtschaftlichen Auswirkungen im Vergleich zu dem Ist-Zustand untersucht.

Es wurde auch die Auswirkung von Photovoltaik-Anlagen sowie von der Dachbegrünung auf den Energieverbrauch und die CO2 Emissionen untersucht.

Zufolge dieser Untersuchungen haben sich die herkömmlichen Dämmsysteme, im Vergleich mit den ökologischen Dämmsystemen, für dieses Objekt, als wirtschaftlicher erwiesen. Die wärmetechnischen Eigenschaften der Dämmsysteme sind fast identisch. Wegen des noch großen Preisunterschieds, stellt das herkömmliche Dämmsystem die optimale Kosten-Nutzen-Lösung für das untersuchte Gebäude dar.

Der Einbau von Photovoltaik-Anlagen hat, für alle untersuchten Sanierungsvarianten, zu einer deutlichen Senkung des Energieverbrauchs geführt. Auf Basis dieser Ergebnisse, ist die Installation von Photovoltaik-Anlagen auf dem untersuchten Gebäude sehr zu empfehlen.

# Abstract

## Energetic optimization of a real building under the influence of economic and sustainability factors

The European Union has proposed measures to lower the energy consumption and CO2 emissions by 20% until 2020. In the rehabilitation sector these measures must meet an optimum cost-benefit ratio. To achieve this goal, Austria is offering financial support for privately owned companies in the form of subsidies for rehabilitation measures.

In this Thesis we will study and evaluate possible optimization solutions for the reduction of the energy consumption and CO2 emissions of an existing building. To achieve this goal we have collected the building data (geometry, U-values, g-values of the windows, and so on) and examined the data with the aid of physical calculation software. On the basis of the created calculation model we examined the economic and sustainability impact of a number of optimization variants, comprised of a large variety of insulation materials (ecological, renewable and regularly used) and different panel thicknesses, compared to the current state.

We examined what impact photovoltaic panels and green roof systems have on the energy consumption and CO2-Emissions.

After our analysis, the regularly used insulation systems have proven to be a more economical solution for our building compared to the ecological insulation systems. The thermo-technical properties for regular and ecological insulation system are almost identical. Due to the big price difference, the regularly used insulation systems have the best cost-benefit ratio for the examined building.

The installation of solar panels has led, for all the examined optimization variants, to an obvious reduction of the energy consumption. Considering these results, we highly recommend the installation of solar panels on the examined building.

**Inhaltsverzeichnis**

# 1 Einleitung

## 1.1 Motivation

Die Europäische Union steht vor beispiellosen Herausforderungen, die auf die verstärkte Abhängigkeit von Energieimporten, knappe Energieressourcen sowie das Erfordernis, dem Klimawandel Einhalt zu gebieten und die Wirtschaftskrise zu überwinden, zurückzuführen sind. Energieeffizienz ist ein wertvolles Instrument, um diese Herausforderungen anzugehen. Sie verbessert die Versorgungssicherheit der Union durch die Verringerung des Primärenergieverbrauchs sowie der Energieeinfuhren. Sie trägt dazu bei, Treibhausgasemissionen kostenwirksam zu senken und dadurch den Klimawandel abzumildern. Der Umstieg auf eine energieeffizientere Wirtschaft sollte auch die Verbreitung innovativer technologischer Lösungen beschleunigen sowie die Wettbewerbsfähigkeit der Industrie in der Union verbessern und dadurch das Wirtschaftswachstum fördern und hochwertige Arbeitsplätze in einer Reihe von Branchen, die mit Energieeffizienz zusammenhängen, schaffen. [EUR12]

In den Schlussfolgerungen des Europäischen Rates vom 8./ 9. März 2007 wurde hervorgehoben, dass die Energieeffizienz in der Union gesteigert werden muss, um das Ziel — nämlich Einsparungen beim Primärenergieverbrauch der Union bis 2020 um 20 % gegenüber den Projektionen — zu erreichen. In den Schlussfolgerungen des Europäischen Rates vom 4. Februar 2011 wurde betont, dass das auf der Tagung des Europäischen Rates vom Juni 2010 vereinbarte, aber derzeit gefährdete, Ziel einer Steigerung der Energieeffizienz um 20 % bis 2020 erreicht werden muss. [EUR12]

Die Energieeffizienzmaßnahmen werden als Teil des umfassenderen EU-Ressourceneffizienzziels, das die effiziente Nutzung aller natürlichen Ressourcen einschließt und ein hohes Umweltschutzniveau gewährleistet, umgesetzt werden. [EUR11]

Das größte Energieeinsparpotenzial liegt im Gebäudesektor. Schwerpunkt des Plans sind Instrumente, die die Sanierung öffentlicher und privater Gebäude in Gang setzen und die Energieeffizienz der darin verwendeten Komponenten und Geräte verbessern sollen. [EUR11]

Bedeutende Schritte zum Erreichen dieses Ziels sind eingeleitet worden, insbesondere im Geräte- und im Gebäudemarkt. Dennoch geht aus jüngsten Kommissionsschätzungen hervor, dass die EU derzeit voraussichtlich nur die Hälfte des 20 %-Ziels erreichen wird. Die EU muss jetzt handeln, um auf den Zielkurs zurückzukehren. [EUR11]

Infolge dieser Ziele der EU, sind in Österreich unterschiedlichen Förderungen für Sanierungsmaßnahmen, Neubauten, Energieerzeugung und Energieeinsparung angeboten. Diese Förderungen bieten finanzielle Unterstützung für Unternehmen und Privatpersonen, die damit bessere Projekte bauen oder sanieren können.

Im Rahmen dieser Arbeit wird das Energieeinsparpotenzial eines vorhandenen Gebäudes eines österreichischen Großunternehmens untersucht. In der ersten Phase wird der Energieverbrauch des Gebäudes mittels einer bauphysikalischen Analyse überprüft. Dabei wird der Zustand des Gebäudes vor Ort untersucht und gemeinsam mit den Gebäudedaten (Geometrie, Nutzung, usw.) in einem Rechenmodel abgebildet. Auf Basis des errechneten Energiebedarfs des Ist-Zustandes werden mehrere Sanierungsvarianten ermittelt, die die Bedingungen der Fördermaßnahmen der Stadt Wien erfüllen. Weiteres wurden diese Sanierungsvarianten schrittweise bezüglich ihrer Wirtschaftlichkeit detailliert analysiert und ergänzt. Zudem wurden die Langzeitkosten, die während der Nutzung des Gebäudes entstehen, untersucht. Die vor Ort Energieerzeugung wurde als eine Maßnahme zur Senkung des Energieverbrauchs und der CO2 Emissionen des Gebäudes geprüft. Die Untersuchung der Nachhaltigkeit wurde auf Basis der OIB Richtlinie 6 durchgeführt. Zudem wurde auch die Möglichkeit von Dachbegrünung als Maßnahme zur Senkung der $CO_2$-Emissionen erforscht. Alle untersuchten Sanierungsvarianten wurden mit dem Ist-Zustand bezüglich ihrer Wirtschaftlichkeit und Nachhaltigkeit verglichen und bewertet.

## 1.2 Ziel der Arbeit

Die untersuchte Lagerhalle wird über eine zentrale Klimaanlage und Stromversorgung zusammen mit dem Nachbargebäude versorgt. Somit hat man keine Möglichkeit den Energiebedarf genau zu messen. Aus diesem Grund musste der Energiebedarf der Lagerhalle für die Nutzung, Lüftung, Heizung und Kühlung, auf Basis der vorhandenen Daten, mittels bauphysikalischer Gebäudesimulationen berechnet werden.

Aufbauend auf dem, für den Ist-Zustand erstellten, Rechenmodel, wurden unterschiedliche Sanierungsmaßnahmen untersucht. Als Sanierungsmaßnahmen wurden Dämmsysteme sowohl aus den üblich verwendeten Dämmstoffen (EPS, Mineralwolle) als auch aus neueren ökologischen Dämmstoffen (Mineralschaumplatten, Kork, Flachs, Schafwolle) untersucht.

Um den Gesamtenergiebedarf und die CO2 Emissionen zu senken wird die Möglichkeit von Energieerzeugung mittels Photovoltaik-Anlagen untersucht.

Die Förderungsmöglichkeiten für die untersuchten Sanierungsarbeiten wurden auch detailliert untersucht.

Die Nachhaltigkeit der Sanierungsvarianten wurde auf Basis des Energiebedarfs bewertet. Dabei wurde die Möglichkeit von Dachbegrünung für die weitere Senkung der $CO_2$-Emissionen untersucht.

Um die Unterschiede betreffend der Wirtschaftlichkeit der verschiedenen Sanierungsvarianten auszuarbeiten, müssen die Langzeitkosten, die aus der Nutzung entstehen, berücksichtigt werden.

Diese unterschiedlichen Sanierungsvarianten werden, bezüglich ihrer Auswirkung auf Energiebedarf, Wirtschaftlichkeit und Nachhaltigkeit, wurden miteinander verglichen und die, für das Objekt, optimalen Varianten ausgearbeitet. Es haben sich mehrere Sanierungsvarianten ergeben, die für die Sanierung der betrachteten Lagerhalle optimal sind.

# 2 Grundlagen

## 2.1 Kurze Darstellung von in der Arbeit benutzten Begriffen

Wärmeleitfähigkeit λ: Eigenschaft eines Stoffes, die angibt, welche Wärmemenge (in J) im Beharrungszustand in der Zeiteinheit (1 s) durch die Flächeneinheit (1 $m^2$) durch eine Schichte in der Dicke der Längeneinheit (1 m) bei einer Temperaturdifferenz von 1 K zwischen den normal zum Wärmestrom liegenden Oberflächen übertragen wird. [KRA09]

Sie hängt von der Temperatur, Rohdichte und bei vielen Baustoffen vom Feuchtigkeitsgehalt ab. [KRA09]

Die äquivalente Wärmeleitfähigkeit einer Luftschicht ist die Wärmeleitfähigkeit eines gedachten, gleich dicken, festen Stoffes, der durch Leitung die gleiche Wärmemenge überträgt wie die Luftschicht durch Leitung, Konvektion und Strahlung. [KRA09]

Wärmedurchlasskoeffizient *Λ*: Wärmemenge (in J), die im Beharrungszustand in der Zeiteinheit (1 s) durch die Flächeneinheit (1 $m^2$) bei einer Temperaturdifferenz von 1 K zwischen den normal zum Wärmestrom liegenden Oberflächen einer Schicht von der Dicke *d* eines Stoffes übertragen wird. [KRA09]

Er wird errechnet nach der Formel:

$$\Lambda = \frac{\lambda}{d}. \text{ [KRA09]} \qquad (1)$$

Wärmedurchlasswiderstand *R*: Reziprokwert des Wärmedurchlasskoeffizienten einer Schicht der Dicke *d* eines Stoffes. [KRA09]

Er wird errechnet nach der Formel:

$$R = \frac{d}{\lambda}. \text{[KRA09]} \qquad (2)$$

Der Wärmedurchlasswiderstand eines mehrschichtigen Bauteils ist die Summe der Wärmedurchlasswiderstände der einzelnen, in Wärmestromrichtung hintereinander liegenden, Schichten. [KRA09]

Er wird errechnet für ein Bauteil aus *n* Schichten nach der Formel:

$$R = \sum_{i=1}^{n} \frac{d_i}{\lambda_i} \text{ [KRA09]} \qquad (3)$$

Wärmedurchgangskoeffizient *U*: Wärmemenge (in *J*), die im Beharrungszustand in der Zeiteinheit (1 s) durch die Flächeneinheit (1 m²) – bei einer Temperaturdifferenz von 1 K der Luft zwischen beiden Seiten des Bauteils – von diesem übertragen wird. [KRA09]

Der Wärmedurchgangskoeffizient *U* ist der Reziprokwert der Summe aller Wärmedurchlasswiderstände $R_i$ und der Summe der Wärmeübergangswiderstände:

$R_T = R_{si} + \sum R_i + R_{se}$ (in $m^2KW^{-1}$) [KRA09] (4)

Der Heizwärmebedarf (HWB): Durch Berechnung ermittelte Wärmemenge, die im langjährigen Mittel während einer Heizperiode den Räumen des Gebäudes zugeführt werden muss, um die Einhaltung einer vorgegebenen Solltemperatur während der Betriebszeit sicherzustellen. [KRA09]

Der LEK-Wert: Ein Maß zur Bewertung der thermischen Qualität von Gebäuden.

Der LEK-Wert kennzeichnet den Wärmeschutz der Gebäudehülle unter Berücksichtigung der Geometrie des Gebäudes und wird wie folgt ermittelt:

$$LEK = 300 \cdot \left(\frac{U_m}{2+l_c}\right), \quad (5)$$

$U_m$ – mittlerer U-Wert der Gebäudehülle

$l_c$ – charakteristische Länge

Die charakteristische Länge lc: Ein Maß für die Geometrie eines Gebäudes, entspricht also dem Kehrwert der Kompaktheit und wird wie folgt ermittelt:

$$l_c = V_A/A_B, \quad (6)$$

$V_b$ – beheiztes Bruttovolumen

$A_b$ – Fläche der thermischen Hülle

## 2.2 Energieausweis

Aufgrund der Richtlinie 2002/91/EG des Europäischen Parlaments und des Rates vom 16.12.2002 über die Gesamtenergieeffizienz von Gebäuden ist es erforderlich, bei Verkauf oder Miete von Gebäuden oder Nutzungsobjekten (Wohnungen, Geschäftsräumlichkeiten usw.) einen Energieausweis vorzulegen.

Durch die Richtlinie werden die Mitgliedstaaten der Europäischen Union auch angehalten, Maßnahmen zu ergreifen, um den Energieverbrauch für Heizen, Kühlen und Lüften gering zu halten.

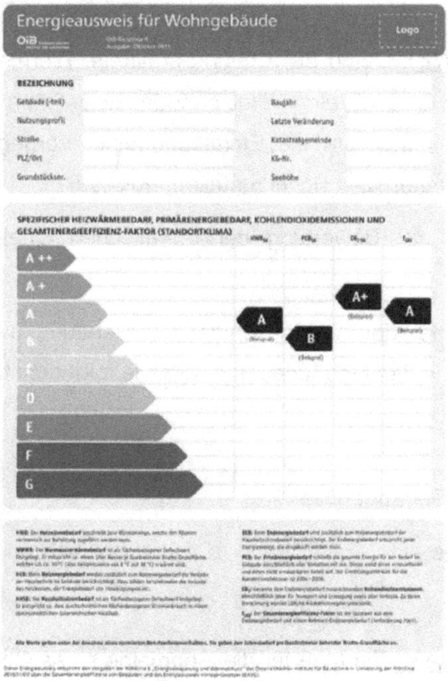


Abbildung 1 - Muster Energieausweis

Der Energieausweis nach EU-Gebäuderichtlinie kennzeichnet den Energiebedarf von Gebäuden unter Normbedingungen. Der Energieausweis ist also eine Art Typenschein für Gebäude, der eine Beurteilung der Energieeffizienz des Gebäudes ermöglicht - Gebäudehülle, Heizungsanlage,

Lüftung, Warmwasserbereitung und der eingesetzte Energieträger werden damit beurteilt.

Mit dem Energieausweis wird ein objektiver Vergleich von verschiedenen Gebäuden aus energetischer Sicht ermöglicht. Der Energieausweis weist die Energieeffizienz als Qualitätsmerkmal eines Gebäudes aus und macht den rechnerischen Energiebedarf „sichtbar“.

## 2.3 Dämmstoffe [HUB11]

Dämmstoffe werden in Österreich normativ- das heißt durch insgesamt zehn Produktnormen(ÖNORM EN 13162-13171) – hinsichtlich ihrer

- Herstellung,
- Zusammensetzung bzw. Bestandteile,
- Verwendungszwecke und
- Lieferformen

unterschieden. Diese Produkte unterliegen bereits der Bauproduktenrichtlinie aus dem Jahr 1989 und werden somit CE-gekennzeichnet. Weist ein Produkt eine derartige Kennzeichnung auf, kann es als normkonform bezeichnet werden. Darüber hinaus gibt es künftig die Möglichkeit, eine Europäische Technische Zulassung ETZ (ETA) zu erlangen. Neben den bisher bereits existierenden, einzelnen, derartigen Zulassungen wird es in Zukunft eine gemeinsame Grundlage für derartige Zulassungen geben.

Vom Standpunkt des Planers können Dämmstoffe aus

- wärmeschutztechnischen und/oder
- schallschutztechnischen und/oder
- brandschutztechnischen

Gründen zur Anwendung kommen. Hinsichtlich des wärmeschutztechnischen Einsatzes ist immer auch eine feuchteschutztechnische Eignung des Dämmstoffes und/oder der Konstruktion nachzuweisen. Auf die gegenseitige Beeinflussung – insbesondere in negativer Art und Weise – der obigen Eigenschaften ist stets größtes Augenmerk zu legen.

Zusammensetzung bzw. Bestandteile

Grundsätzlich können hinsichtlich ihrer Zusammensetzung bzw. Bestandteile

- Anorganische Dämmstoffe und
- Organische Dämmstoffe

unterschieden werden. Allerdings ist diese Unterscheidung eine nicht immer konsequente Möglichkeit der chemischen Beschreibung von Dämmstoffen. So können organische Dämmstoffe durch anorganische Bindemittel gebunden sein und umgekehrt.

Ruft man eine schon etwas in die Jahre gekommene Definition von Dämmstoffen in Erinnerung

$$\leq 0{,}1\ W/mK,$$

so erkennt man leicht, dass Dämmstoffe früher ausschließlich aufgrund ihrer wärmeschutztechnischen Eigenschaft eingestuft wurden. Leitet man allerdings aus dem subjektiven Schutzziel Wärmeschutz das objektive Schutzziel Klimaschutz ab, so erscheint eine Einteilung in

- erneuerbare und
- nicht erneuerbare

Dämmstoffe durchaus mehr und mehr Berechtigung zu erlangen. Allerdings gilt es dabei sehr wohl die Vor- und Nachteile beider Kategorien sauber gegeneinander abzuwägen und die übrigen Schutzziele in diese Betrachtungen miteinzubeziehen. Es sei an dieser Stelle angemerkt, dass auf diese Einteilung – unterschiedet man zwischen Hauptbestandteil und Bindemittel bzw. allfälligen Zusätzen – mitunter ähnliche Einschränkungen, wie auf die weiter oben gegebene Einteilung hinsichtlich der chemischen Zusammensetzung, zutreffen.

Verwendungszwecke

Bezogen auf die Verwendungszwecke unterscheidet die ÖNORM B 600 grundsätzlich zwischen

- vertikaler (Wand – Pfeiler – Säule) und
- horizontaler (Decke – Dach – Terrasse)

Anwendung.

Dabei wird bei der vertikalen Anwendung zwischen

- Außendämmung,
- Kerndämmung,
- Innendämmung und
- Außen- und Innendämmung (Mantelbauweise)

unterschieden.

Für die Außendämmung sind die Verwendungszwecke als Dämmstoff hinter einer Hinterlüftung, unter einem Dünn- oder Dickputz und als Perimeterdämmung.

Für die Kerndämmung sind die Verwendungszwecke als Dämmstoff im Schwer- oder Leichtelement, im zweischaligen Mauerwerk oder als Hohlraumdämpfung.

Für die Innendämmung sind die Verwendungszwecke als Dämmung unter Putz oder Platten.

Für die horizontale Anwendung wird zwischen

- Außendämmung
- Innendämmung und
- Abgehängter Decke

unterschieden.

Für die Außendämmung sind die Verwendungszwecke Warm-, Umkehr- oder Kaltdach bzw. begehbare Dämmung, offene Dämmung zur Schallabsorption und verputzte Dämmung.

Für die Innendämmung sind die Verwendungszwecke als Dämmstoff unter Estrichen mit und ohne Trittschallanforderung und bei erhöhter Druckbelastung bzw. als Deckenuntersicht.

Für die abgehängte Dämmung sind die Verwendungszwecke die außen- bzw. innenseitige Anordnung.

Lieferformen

Als Lieferformen kommen

- Platten,
- Matten bzw. Filze oder
- Schütt- bzw. Blasmaterialien

vor. In dieser Aufzählung bleiben allfällige Sonderlieferformen, die auf ein Produkt (z.B. Schilfrohrbündel, Strohballen, etc.) beschränkt bleiben, unberücksichtigt.

### 2.3.1 Genormte Dämmstoffe für den Wärme- und/oder Schalschutz im Hochbau [HUB11]

Holzwolle-Dämmplatten und Holzwolle-Mehrschicht-Dämmplatten

Holzwolle-Dämmplatten sind werksmäßig endgefertigte Dämmstoffe aus mineralisch gebundener Holzwolle. Es wird im Allgemeinen zwischen magnesit- oder zementgebundenen Holzwolle-Dämmplatten unterschieden.

Bei der Produktion wird Holzwolle mit Bindemittel getränkt oder besprüht und anschließend werden entweder in einer Bandform-Maschine oder in Einzelformen die Platten hergestellt. Im Rahmen des Abbindungsvorgangs entstehen hohe Temperaturen.

Dabei werden Holzwolle-Dämmplatten WW („wood wool board"), Mantelbauplatten WWH mit höherer Festigkeit bzw. WWD mit sehr hoher Festigkeit und Holzwolle-Dämmplatten als Putzträgerplatten für Außenwand-Wärmedämmverbundsysteme unterschieden.

Holzwolle-Mehrschicht-Dämmplatten sind mit gleichartigem Material beschichtete andere Dämmstoffe. Dafür können Dämmkork ICB, Mineralwolle MW-WD, expandierter Polystyrol-Partikelschaumstoff EPS oder Polyurethan-Hartschaumstoffplatten PUR-DO oder PUR-BL gemäß ONORM B 6000 verwendet werden. Holzwolle-Mehrschicht-Dämmplatten können als Zweischicht-Dämmplatten mit einseitiger Beschichtung aus mineralisch gebundener Holzwolle oder als Dreischicht-Dämmplatten mit beidseitiger Beschichtung aus mineralisch gebundener Holzwolle vorliegen.

Tabelle 1 - Rechenwerte für Holzwolle-Dämmplatten [HUB11]

| Produktart | Bereiche für | | |
|---|---|---|---|
| | ρ [kg/m³] | λ [W/mK] | c [kJ/kgK] |
| WW | 250-750 | 0,065-0,135 | 1,47 |
| WW-EPV | 300-700 | 0,085-0120 | 1,47 |

Holzspan-Dämmplatten und Holzspan-Mehrschicht-Dämmplatten

Holzspan-Dämmplatten sind werksmäßig endgefertigte Dämmstoffe aus mineralisch gebundenen Holzspänen. Dabei werden Holzspan-Dämmplatten WS („wood shaving board") und Mantelbauplatten WSD mit hoher Festigkeit, vor allem zur Herstellung von Wänden in Mantelbauweise, unterschieden.

Ebenso wie bei den Holzwolle-Produkten existieren auch bei den Holzspan-Produkten Mehrschichtplatten mit Dämmkork, Mineralwolle, expandiertem bzw. extrudiertem Polystyrol und Polyurethan als zusätzliche Dämstoffschicht.

Tabelle 2 - Rechenwerte für Holzspan-Dämmplatten [HUB11]

| Produktart | Bereiche für | | |
|---|---|---|---|
| | ρ [kg/m³] | λ [W/mK] | c [kJ/kgK] |
| WS | 580-1000 | 0,103-0,145 | 1,47 |

Dämmkork

Dämmkork ist ein Dämmstoff aus expandiertem Korkschrot/Korkgranulat, der mit korkeigenen Harzen gebunden wird. Es existieren derzeit zahlreiche Produktarten. Insbesondere die Anwendung als Dämmstoff in Außenwand-Wärmedämmverbundsystemen aber auch zahlreiche Anwendungen in nicht feuchteexponierten Lagen stehen im Vordergrund des Interesses für diesen nachwachsenden Dämmstoff.

Tabelle 3 - Rechenwerte für Dämmkork [HUB11]

| Produktart | Bereiche für | | |
|---|---|---|---|
| | ρ [kg/m³] | λ [W/mK] | c [kJ/kgK] |
| ICB | 110-160 | 0,045-0,050 | 1,56 |

Gebundene Mineralwolle

Gebundene Mineralwolle MW („mineral wool") ist ein werksmäßig endgefertigter Dämmstoff aus mineralischen Fasern.

Aufgrund der Rohstoffe wird allgemein zwischen Glaswolle und Steinwolle unterschieden. In Abhängigkeit des daraus resultierenden Materialverhaltens bestehen geringfügige Unterschiede in allen Bereichen. Normativ gibt es diese Unterscheidung nicht.

Bei beiden Produktionsprozessen werden die Rohmaterialien unter Aufwendung hoher Energiemengen geschmolzen und anschließend auf unterschiedliche Art und Weise zu Fasern geformt.

Tabelle 4 - Rechenwerte für Glaswolle [HUB11]

| Produktart | Bereiche für | | |
|---|---|---|---|
| | ρ [kg/m³] | λ [W/mK] | c [kJ/kgK] |
| MW-WL | 10-15 | 0,047-0,041 | 1,03 |
| MW-W | 15-40 | 0,040-0,036 | 1,03 |
| MW-WF | ~50 | 0,032-0,040 | 1,03 |
| MW-WV | ~70 | ~0,035 | 1,03 |
| MW-WD | ~115 | ~0,035 | 1,03 |
| MW-T | ~115 | ~0,035 | 1,03 |

Während der Faserformung wird Bindemittel zugesetzt und die Mineralwolle anschließend in einem Härteofen auf die endgültige Dicke gebraucht. Je nach Geschwindigkeit des Transports der Fasern zur Härtung können Dicke und Dichte variieren.

Als nicht druckbelastbare Produktarten existieren MW-W für die Wärmedämmung von Wänden, Decken und Dächern, MW-WL (leichter als MW-W) und MW-WF (fester als MW-W). Weiters wird zwischen der längszugbelastbaren Produktart MW-WV zur Verwendung in Vorsatzschalen ohne Unterkonstruktion bzw. der zusätzlich druckbelastbaren MW-WD zur Wärmedämmung von Dächern und Fassaden unterschieden.

Tabelle 5 - Rechenwerte für Steinwolle [HUB11]

| Produktart | Bereiche für | | |
|---|---|---|---|
| | ρ [kg/m³] | λ [W/mK] | c [kJ/kgK] |
| MW-WL | ~27 | ~0,041 | 1,03 |
| MW-W | 33-60 | 0,038-0,036 | 1,03 |
| MW-WF | 50-70 | 0,037-0,035 | 1,03 |
| MW-WV | ~90 | ~0,035 | 1,03 |
| MW-WD | ~150 | ~0,040 | 1,03 |
| MW-T | ~95 | ~0,036 | 1,03 |
| MW-PT | 120-150 | 0,036-0,040 | 1,03 |

Darüber hinaus existieren die Produktarten MW-T als Trittschaldämmung und MW-PT als Putzträgerplatte für Außenwand-Wärmedämmverbundsysteme.

Schaumglas

Schaumglas ist durch die Zugabe eines Treibmittels aufgeschäumtes silikatisches Glas. Die durch den Produktionsprozess entstandenen Zellen sind geschlossen und dampfdicht.

Als Produktarten werden druckbelastbares CG-D zur Wärmedämmung von Wänden und Dächern und höher druckbelastbareres CG-HD zur gleichen Anwendung allerdings bei höherer Belastung (z.B. Parkdecks für Lkw- oder Feuerwehrzufahren) unterschieden.

Tabelle 6 - Rechenwerte für Schaumglas [HUB11]

| Produktart | Bereiche für | | |
|---|---|---|---|
| | ρ [kg/m³] | λ [W/mK] | c [kJ/kgK] |
| CG | 100-180 | 0,041-0,059 | 1,00 |

Expandierter Polystyrol-Partikelschaumstoff

Expandierter Polystyrol-Partikelschaumstoff ist ein Dämmstoff, der durch Wärmebehandlung aus expandierbarem Polystyrolgranulat hergestellt wird.

Dabei entsteht ein überwiegend geschlossenzelliger harter Schaumstoff mit hohem Polystyrol-Anteil.

Als Produktarten werden EPS-W zur Wärmedämmung von Wänden, Decken und Dächern, EPS-F für die Wärmedämmung in Außenwand-Wärmedämmverbundsystemen und EPS-T als Trittschalldämmung unterschieden.

Bei EPS-W wird zwischen vier Rohdichte-Klassen (15, 20, 25 und 30 kg/m³) unterschieden, die naturgemäß bei steigender Rohdichte auch steigende Druckfestigkeit aufweisen. In Abhängigkeit davon stehen auch die entsprechenden Hauptanwendungen.

Darüber hinaus existieren mittlerweile die Produktgruppe EPS-P für den Anwendungsbereich Sockel- bzw. Perimeterdämmung.

Tabelle 7 - Rechenwerte für EPS [HUB11]

| Produktart | Bereiche für | | |
|---|---|---|---|
| | $\rho$ [kg/m³] | $\lambda$ [W/mK] | c [kJ/kgK] |
| EPS-W | 15-30 | 0,041-0,035 | 1,45 |
| EPS-F | 15-18 | 0,040 | 1,45 |
| EPS-T | ≥11 | 0,044 | 1,45 |

Zahlreiche Entwicklungen der letzten Zeit haben die Wärmeleifähigkeit und den Wasserdampfdiffusionswiderstand gesenkt. Dabei wird aus Gründen der Verminderung des Strahlungsanteils die Wärmeleitfähigkeit des Grundstoffs etwas modifiziert, bzw. durch die Anordnung von dünnen Löchern normal zur Probenebene der Diffusionswiderstand gesenkt. Weiters ist die Eigenverpflichtung der Industrie zur Ausstattung mit Flammschutzmitteln von höchster Bedeutung. Hinsichtlich eines negativen Einflusses auf das Luftschalldämm-Maß durch die Verwendung „harter" EPS-F-Platten gibt es seit einiger Zeit „elastifizierte" EPS-F-Platten, deren Elastifizierung dem Produktionsprozess der EPS-T-produkte ähnlich ist.

Ein völlig neuer Produktionsprozess wird für die sogenannten Automatenplatten angewandt. Dabei wird der Expansionsvorgang in einer Form durchgeführt, der die endgültige Dicke des Produkts darstellt. Insbesondere die

Produktion komplexer Formteile ohne jeden Schnittabfall ist so denkbar. Außerdem stellt die Schäumhaut einen gewissen Schutz gegen die Aufnahme von Wasser dar.

Polystyrol-Extruderschaumstoff

Polystyrol-Extruderschaumstoff ist ein Dämmstoff, der unter Zusetzung eines Treibmittels aus Polystyrol oder aus Mischpolymerisaten durch Extrudieren hergestellt wird. Dabei entsteht ein überwiegend geschlossenzelliger harter Schaumstoff mit hohem Polystyrol-Anteil.

Als Produktarten werden XPS-G mit glatter Oberfläche und XPS-R mir rauer Oberfläche unterschieden. Beide sind druckbelastbar, wobei bei XPS-G unterschiedliche Belastbarkeitsgruppen unterschieden werden.

Tabelle 8 - Rechenwerte für XPS (Zellgas Luft) [HUB11]

| Produktart | Bereiche für | | |
|---|---|---|---|
| | ρ [kg/m³] | λ [W/mK] | c [kJ/kgK] |
| XPS-G*) | 38 | 0,035-0,041 | 1,45 |
| XPS-R | 38 | 0,035-0,041 | 1,45 |
| *) Die Wärmeleitfähigkeit steigt bei größeren Dicken. | | | |

Hervorzuheben ist bei diesem Dämmstoff die Tatsache, dass in den letzten Jahren Treibmittel insofern verändert wurden, als keine auf FCKW-Basis mehr zur Anwendung kommen. Dies ist in Österreich auch gesetzlich verankert. Allerdings gibt es sehr wohl noch Treibmittel, die hinsichtlich der Wärmeleitfähigkeit zu erheblich besseren Ergebnissen führen, als mit dem Treibmittel $CO_2$ (Zellgas Luft) erreicht werden können.

Polyurethan-Hartschaumstoff

Polyurethan-Hartschaumstoff ist ein Dämmstoff, der durch die chemische Reaktion von Polyisocyanaten und Verbindungen, die aciden Wasserstoff enthalten, hergestellt wird.

Als Produktarten werden PUD-DD mit beidseitig gasdiffusionsdichten bzw. PUR-DO mit gasdiffusionsoffenen Deckschichten unterschieden. Darüber hinaus gibt es noch die Produktart PUD-BL, die aus Blöcken geschnitten wird.

Tabelle 9 - Rechenwerte für PUR [HUB11]

| Produktart | Bereiche für | | |
|---|---|---|---|
| | ρ [kg/m³] | λ [W/mK] | c [kJ/kgK] |
| PUR-DD | 29-40 | ≤0,031 | 1,30 |
| PUR-DO | 28-55 | ≤0,026 | 1,40 |

### 2.3.2 Nicht genormte Dämmstoffe für den Wärme- und/oder Schallschutz im Hochbau [HUB11]

Für zahlreiche anderen Materialien, insbesondere solche aus nachwachsenden Rohstoffen, bestand früher die Möglichkeit zur Erlangung einer Österreichischen Technischen Zulassung ÖTZ auf Basis einer Richtlinie des OIB bzw. besteht derzeit die Möglichkeit zur Erlangung einer Europäischen Technischen Zulassung ETZ auf Basis einer CUAP („common unterstanding of assessment procesure") der EOTA. Sicherlich sind diese an die einschlägigen Normen angelehnt, aber insbesondere Bereiche der Schädigungsresistenz bzw. der gesundheitlichen Unbedenklichkeit stellen erhebliche Hürden dar, da einerseits kaum normative Verfahren für derartige Nachweise existieren, aber andererseits nur vollständig erbrachte Nachweise zu Zulassungen führen können.

Hanf

Aus Hanf können einerseits Fasern gewonnen werden, deren Dämmstoffeigenschaften mit denen anderer Faserdämmstoffe verwandt sind, und andererseits aus den Schäden und Bindemitteln Dämmplatten hergestellt werden. Bei der Produktion von Filzen können auch Stützfasern aus Kunststoff zur Anwendung gelangen. Zur Erlangung der Normalbrennbarkeit ist der Zusatz von Flammschutzmittel erforderlich.

Für den Anbau in Europa sind nur Pflanzenarten mit niedrigem Rauschsubstanzanteil zugelassen.

Holzfaserplatten

Holzfaserdämmplatten werden aus Resthölzern hergestellt. Die Rohdichte variiert dabei von 130-280 kg/m³ je nach Verpressung und eingesetzten Bindemitteln. Dabei werden Wärmeleitfähigkeiten von ca. 0,055-0,070 W/mK erzielt. Insbesondere für die niedrigen Rohdichten können auch wesentlich kleinere Wärmeleitfähigkeiten nachgewiesen werden. Zur Erlangung der Normalbrennbarkeit ist der Zusatz von Flammschutzmitteln erforderlich.

Schafwolle

Schafwolle fällt beim Scheren der Schafe an. Diese Schafwolle muss vor ihrer Verwendung als Dämmstoff aufwendig gereinigt und vom Fett befreit werden. Anschließend werden daraus Dämmfilze und Trittschallplatten hergestellt. Größter Vorteil dieser Faser als Dämmstoff ist ihre Fähigkeit Feuchtigkeit aufnehmen und speichern zu können, wobei sich dabei die Wärmeleitfähigkeit nur geringfügig ändert. Dieser Wert liegt für Rohdichten von 30-100 kg/m³ bei rund 0,040 W/mK. Zur Erlangung der Normalbrennbarkeit ist der Zusatz von Flammschutzmitteln erforderlich.

Schafwolle wird auch in Österreich produziert. Für diesen Dämmstoff gibt es bereits eine Europäische Technische Zulassung.

Zellulosefasern

Aus Zellulosefasern, die primär aus Altpapier gewonnen werden, werden einerseits Zellulosefaserflocken zum Einblasen in Hohlräume und andererseits Zellulosefaserplatten hergestellt. Die Anwendung als Flocken stellt die überwiegende Nutzung dar. Aus Gründen des Brandschutzes werden Borsalze beigemengt. Die Höhe der Beimengung beeinflusst die Brennbarkeit, wobei sowohl normal brennbare als auch schwer brennbare Zellulosefasern produziert werden können.

Die Wärmeleitfähigkeit hängt ganz wesentlich von der Schüttdichte der Faser ab. Bei Schüttdichten von 30-70 kg/m³ kann eine Wärmeleifähigkeit von ca. 0,045 W/mK erreicht werden.

In Österreich existieren zahlreiche Produktionsstätten. Für diesen Dämmstoff gibt es bereits eine Europäische Technische Zulassung.

Flachs

Dämmstoffe aus Flachs bestehen aus Kurzfasern, die bei der Produktion von Langfasern für die Leinenherstellung abfallen. Teilweise kommen bei der Produktion von Dämm- und Trittschallplatten Polyester-Stützfasern zur

Anwendung. Zur Erlangung der Normalbrennbarkeit ist der Zusatz von Flammschutzmitteln erforderlich.

Flachs wird auch in Österreich produziert. Für diesen Dämmstoff gibt es bereits eine Europäische Technische Zulassung.

Kokosfaser

Dämmstoffe aus Kokosfaser bestehen aus der faserigen Fruchthülle der Kokosnuss. Aus diesen Fasern werden einerseits Dämmfilze und andererseits Produkte zur Trittschalldämmung hergestellt. Zur Erlangung der Normalbrennbarkeit ist der Zusatz von Flammschutzmitteln erforderlich.

Weitere Dämmstoffe

Darüber hinaus existieren noch zahlreiche weitere Dämmstoffe, insbesondere für den Schallschutz, aber auch für den Brandschutz gibt es zahlreiche Sonderprodukte, die zumeist vornehmlich eine spezielle Eigenschaft haben, die für die entsprechende Anwendung von positiver Wirkung ist.

Diese sind zum Beispiel:

- Holzwolle (ungebunden)
- Polyethylen-Schaumstoff
- Baumwolle
- Blähton
- Perlite
- Vermiculite
- Blähglas
- Mineralschaum
- Stroh
- Transparente Wärmedämmung
- Vakuumdämmpaneele (VIP)
- Phenolharz
- Kalziumsilikat
- Aerogel

Die meisten dieser Produkte werden nur von einem oder wenigen Produzenten europaweit hergestellt bzw. vertrieben. Polyethylen-Schaumstoff ist beispielsweise ein hervorragendes Material zur Trittschalldämmung. Blähton und expandierte Perlite stellen hervorragende leichte Gesteinskörnungen für Beton und Mörtel dar und sind gleichzeitig als Schüttmaterial einsetzbar. Blähglas und Mineralschaumplatten sowie transparente Wärmedämmungen werden in Außenwand-Wärmedämmverbundsystemen eingesetzt. Nichtsdestotrotz sind diese Dämmstoffe jedenfalls eine Erwähnung wert. Dass es insbesondere aus dem Bereich nachwachsender Rohstoffe zahlreiche nicht erwähnte Produkte gibt, liegt in der dynamischen Entwicklung dieses Gebietes. Im Speziellen kann Kalziumsilikat für Innendämmung verwendet werden und Vakuumdämmpaneele und Aerogel dank ihrer hervorragend niedrigen Wärmeleitfähigkeit gute Voraussetzungen für Niedrigenergiehausanwendungen.

# 3 Beschreibung des untersuchten Gebäudes

Das untersuchte Objekt eines österreichischen Großunternehmens ist eine klimatisierte Lagerhalle im 12. Wiener Gemeindebezirk. Die Lagerhalle wurde 1974 erbaut und weist eine Rahmenstruktur auf. Die Außenwände sind aus vorgefertigten Porenbetonplatten. Auf der Nord-West Seite ist die Lagerhalle über eine Innenwand mit einem anderen Gebäude verbunden. Die Halle weist ein Flachdach mit Lichtkuppeln auf. Im Laufe der Zeit wurden auf der Süd-Ost Seite der Lagerhalle zwei Räume für die Lagerung von Werkzeugen und Gabelstaplern angebaut.

Die Lagerhalle hat außen eine Gebäudehöhe von 14.70 m und eine innere Raumhöhe von 12.90 m. Es hat eine BGF von 991.7 m² und ein Raumvolumen von 12893 m³.

Die Abbildung 2 zeigt den Grundriss der Lagerhalle. Die im Rahmen dieser Arbeit untersuchte und für die Sanierung vorgesehene Fläche befindet sich innerhalb des roten Bereichs.

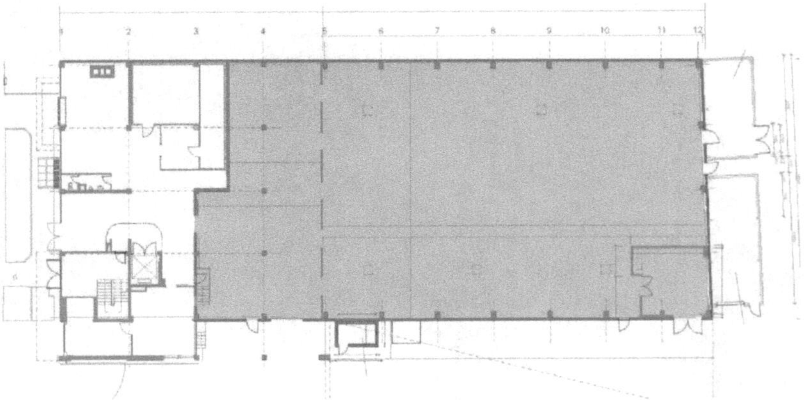

Abbildung 2 - Grundriss der Lagerhalle

Die Außenwände aus vorgefertigten Porenbetonplatten zeigen mittlerweile viele gleichmäßig verteilte Risse. Die Porenbetonplatten haben eine Stärke von 12 cm auf den Süd-West und Süd-Ost Seiten und 20 cm Stärke auf der Nord-Ost Seite der Halle. Die Eckbereiche weisen größere Undichtheiten der Außenhülle auf.

In der Dachebene befinden sich 18 Lichtkuppeln mit den Abmessungen von 1.20 x 1.20 m. Die Dachebene hat eine Dicke von 40 cm und setzt sich, von außen nach innen aus folgenden Schichten

- Kies
- 2 Lagen Pappe
- Wärmedämmung 5 cm
- Dampfsperre
- 1 Lage Pappe
- Stahlbeton

zusammen.

Der Fußboden weist laut Plan folgende Schichten auf:

- Industrieboden 5 cm
- Unterbeton 25 cm
- Schotteranschüttung

Die Türen und Lichtkuppeln wurden innerhalb der letzten 5 bis 10 Jahre gewechselt. Die genauen technischen Daten der Fenster und Türen konnten von der Firma nicht zu Verfügung gestellt werden, sodass die Default Werte für die Berechnungen benutzt wurden. Die Undichtheiten an der Dachebene, die zu Wasserleckagen geführt haben, wurden in den letzten Jahren ebenfalls saniert.

## 3.1 Nutzung und die inneren Lasten

Die Lagerhalle wird hauptsächlich für die Lagerung und Kommissionierung von empfindlichen Produkten benutzt. Wegen dieser Nutzung ist sie mit einem 2.80 x 4.45 m Rolltor ausgestattet. Das Rolltor wird laut Angaben der Firma grob geschätzt 200- bis 300-mal am Tag geöffnet.

Innerhalb der Lagerhalle sind 4 Personen mit einer Arbeitszeit von Mo-Do 07:00-16:00 und Fr. 07:00-12:30 (38,5 Std-Woche), tätig. Jeder Mitarbeiter ist mit einem Computer ausgestattet.

In der Lagerhalle befinden sich noch 5 Stapler (3 Hochregallager, 2 Gabelstapler für den normalen Transport) zu welchen keine genauen Verbrauchsdaten vorhanden sind.

Die Beleuchtung der Lagerhalle erfolgt durch 82 Stück, 58W, Leuchtstofflampen. Die Anordnung der Leuchtstofflampen ist in Abbildung 3 dargestellt. Ihre Anordnung wird in der folgenden Abbildung dargestellt:

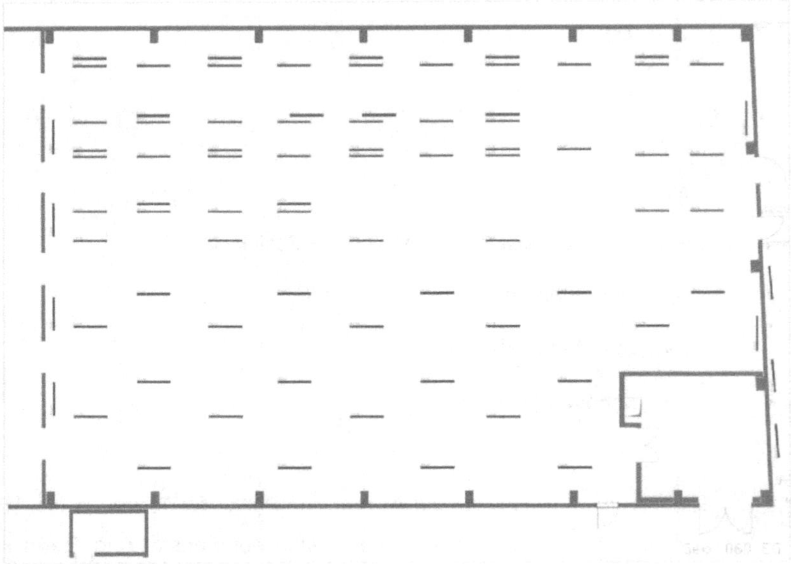

Abbildung 3 - Anordnung der Beleuchtung

## 3.2 Heizung und Kühlung

Das Innenklima der Lagerhalle wird durch eine zentrale Klimaanlage für Heizung und Kühlung auf 22°±2°C temperiert. Die zentrale Klimaanlage bedient auch das Nachbargebäude. Der genaue Energieverbrauch, der untersuchten Lagerhalle ist somit unbekannt.

Die zentrale Klimaanlage benutzt Strom als Energieträger und hat folgende Leistungen:

- Kühlung: 48.8 kW
- Heizung: 141 kW

In der Lagerhalle wird eine konstante Luftmenge von 28000 m³/h eingeblasen.

Die Regelung ist als Raumtemperatur / Zulufttemperatur Kaskaden Regelung (P-PI) ausgeführt, wobei der Führungsregler eine Rampe ist.

Die Zulufttemperatur wird über einen Kanalfühler im Zuluftkanal gemessen und dem Zuluftregeler als Ist-Wert zugeführt. Dieser Ist-Wert wird mit dem errechneten Sollwert im Zuluftregler verglichen. [JOH03]

Je nach Sollwertabweichung der Zulufttemperatur liefert der Regelbaustein ein stetiges Ausgangssignal, das in Sequenz das Regelventil des Vorheizregisters, die AUL/FOL/UML-Klappen und das Kühlventil ansteuert. [JOH03]

# 4 Förderungen

## 4.1 Förderungen für Sanierungsmaßnahmen

Um die Wirtschaftlichkeit der Sanierungsmaßnahmen zu untersuchen, wurden die möglichen Förderungen erhoben und die Anwendbarkeit für die Halle analysiert. Die Förderungssätze für die thermische Gebäudesanierung für Betriebe werden wie in der Abbildung 4 bestimmt.

Unterschreitung der OIB-Anforderungen - Umfassende Sanierung

| Standardförderungssatz | Gebäudekategorie 1-12 lt. Energieausweis erforderliche Unterschreitung der OIB-Anforderungen für Heizwärme- und Kühlbedarf | | Gebäudekategorie 13 lt. Energieausweis |
|---|---|---|---|
| | Unterschreitung HWB* um: | Unterschreitung KB* um: | maximal zulässiger LEK-Wert |
| 35 % | 45 % | 30 % | 19,8 |
| 30 % | 25 % | 20 % | 27,0 |
| 20 % | 15 % | 10 % | 30,6 |
| Zuschlagsmöglichkeiten | • 5 % für die signifikante (mindestens 25 %) Nutzung von Dämmstoffen, die mit dem österreichischen Umweltzeichen ausgezeichnet sind<br>• 10 % für die signifikante (mindestens 25 %) Nutzung von Dämmstoffen aus nachwachsenden Rohstoffen<br>• 5 % für den umfassenden Einsatz von Holzfenstern (mind. 75% der Fensterflächen) | | |

Alternativ bei nicht erreichter Unterschreitung der OIB-Anforderungen -Teilsanierung

| Standardförderungssatz | Gebäudekategorie 1-12 lt. Energieausweis | Gebäudekategorie 13 lt. Energieausweis |
|---|---|---|
| 15 % | Reduktion des ursprünglichen spezifischen Heizwärmebedarfs (HWB*) um 50 % | Reduktion des ursprünglichen LEK-Wertes um 50 % |
| 15 % | Reduktion des ursprünglichen spezifischen Heizwärmebedarfs (HWB*) um 25 % bei denkmalgeschützten Gebäuden | Reduktion des ursprünglichen LEK-Wertes um 25 % bei denkmalgeschützten Gebäuden |
| 10 % | Teilsanierung<br>Thermische Sanierung der Außenfenster und –türen oder<br>Dämmung der obersten Geschoßdecke bzw. des Daches<br>ohne weitere Sanierungsmaßnahmen | |
| Zuschlagsmöglichkeiten | • 5 % für die signifikante (mindestens 25 %) Nutzung von Dämmstoffen, die mit dem österreichischen Umweltzeichen ausgezeichnet sind<br>• 10 % für die signifikante (mindestens 25 %) Nutzung von Dämmstoffen aus nachwachsenden Rohstoffen<br>• 5 % für den umfassenden Einsatz von Holzfenstern (mind. 75% der Fensterflächen) | |

Abbildung 4 - Förderungsmöglichkeiten für Sanierungen in Wien [BMW13]

Gefördert werden Maßnahmen zur Verbesserung des Wärmeschutzes von betrieblich genutzten Gebäuden, die älter als 20 Jahre sind. Die förderungsfähigen Kosten setzen sich zusammen aus den Kosten für Material, Montage und Planung. Die Förderung wird in Form eines einmaligen, nicht rückzahlbaren Investitionskostenzuschusses vergeben. [BMW13]

Für den Antrag auf Förderung muss ein Energieausweis für „Nicht-Wohngebäude" mit der Berechnung des Heizwärme- und Kühlbedarfs des Gebäudes gemäß ÖNORM H 5055 und Richtlinie 2010/31/EU vor und nach der geplanten Sanierung, unter Verwendung validierter Software, erstellt werden. [BMW13]

In dem hier präsentierten Fall, wird eine Lagerhalle, die laut OIB Richtlinie 6 in die Gebäudekategorie 13 [ONO11] zugeordnet wird, untersucht. Das bedeutet, dass die Förderungen in Abhängigkeit der Reduktion des ursprünglichen LEK-Werts ausgeteilt werden.

Es wurden verschiedene Sanierungsmaßnahmen für die Dämmung der Außenwände sowie der Dachebene untersucht. Es sollen keine Änderungen an Türen und Fenstern vorgenommen werden. Das bedeutet, dass hier die Möglichkeit der Förderung einer Teilsanierung in Frage kommt.

## 4.2 Photovoltaik Anlagen

Die Stromerzeugung über Photovoltaik Anlagen wurde als eine Energieverbrauchsenkungsmaßnahme für das Gebäude untersucht (siehe Abschnitt 6.5.1). Aus diesem Grund wurden auch die möglichen Förderungen für die Photovoltaik Anlagen untersucht.

Das Ausmaß der Förderung beträgt im Fall der Nutzung des erzeugten Stroms maximal 40% der förderungsfähigen Gesamtkosten in Form eines einmaligen Investitionskostenzuschusses. Es ist eine Förderungsobergrenze von 400 Euro pro kWpeak vorgesehen.

Gefördert werden ausschließlich jene Anlagenleistungen, die über 5kWpeak hinausgehen. Für die ersten 5kWpeak einer Anlage muss eine Förderung im Rahmen der Förderaktion des Klima- und Energiefonds 2013 beantragt werden. Eine Förderung durch das Land Wien ist hierfür nicht möglich. Eine

Kombination mit einer Tarifförderung der ÖMAG ist im Fall der Eigennutzung ausgeschlossen. [LAN13]

Im Falle der Einspeisung ins Stromnetz ist eine Tarifförderung durch ÖMAG in der Höhe von 18,00 Cent/kWh netto möglich. Zusätzlich zum Fördertarif gibt es für Anlagen an/auf einem Gebäude einen einmaligen Zuschuss von 30% bzw. max. €200/kWh für die getätigten Investitionen. [OEM13]

# 5 Untersuchungsmethodik

## 5.1 Durchgeführte Untersuchungen

Die notwendigen Gebäudedaten (Pläne, Geometrie, U-Werte, Klimaanlage-Pläne, usw.) wurden aus den Archiven der Firma erhoben. Daten über den Betrieb und Nutzung der Lagerhalle wurden von den zuständigen Abteilungen erhoben und zu Verfügung gestellt. Zudem wurden Messungen der Türen und Gebäudehöhen vor Ort durchgeführt.

Die Förderungsmöglichkeiten der Sanierungsmaßnahmen für Betriebe wurden recherchiert. Für den Förderungsantrag ist die Ausstellung vom Energieausweis eine Voraussetzung. Zufolge dieser Bedingung wurden mit einer validierten Software (ECOTECH) Energieausweise für den Ist-Zustand und mehrere Sanierungsvarianten berechnet. Mit dem berechneten Energiebedarf aus den Energieausweisen wurden die ersten untersuchten Sanierungsvarianten bewertet.

Die in Frage kommenden Sanierungsvarianten wurden anschließend mit dem Programm IDA ICE (bauphysikalische dynamische Gebäudesimulation) simuliert. Zusätzlich zu der vereinfachten Berechnung mit dem Energieausweis-Programm werden in der dynamischen Simulation alle inneren und äußeren Einwirkungen berücksichtigt und die detaillierten Eingabedaten sowie die Innenklimabedingungen, Arbeitszeit, Lichtquellen, Geräte, Rolltor Öffnungen, usw. eingegeben.

Die Oberflächen, an denen die Photovoltaik-Anlagen installiert werden können, wurden bezüglich ihrer Energiegewinnungsmöglichkeit (Orientierung und Neigung, Verschattung...) und deren Wirtschaftlichkeit untersucht. Es wurden Preisanfragen an österreichischen Unternehmen, die im Bereich Verkauf und Ausführung von Photovoltaik-Anlagen tätig sind, durchgeführt. Zudem wurden Förderungsmöglichkeiten für die Installation von Photovoltaik-Anlagen untersucht. Die Auswirkungen der Photovoltaik-Anlagen auf die Energiebilanz der Sanierungsvarianten wurden untersucht.

Die Sanierungskosten und Langzeitkosten der Nutzung für verschiedene Sanierungsvarianten wurden berechnet. In die wirtschaftliche Untersuchungen und die Langzeitkosten sind wirtschaftliche Faktoren wie Förderungen,

Energiepreisänderungen und Kapitalzinsen hineingeflossen. Zudem wurden Preisanfragen für die einzelnen Dämmsysteme im eingebauten Zustand an mehrere Bauunternehmen ausgeschickt und Preise erhoben.

Die Hallen haben normalerweise einen kleinen Umrüstungszyklus, in der Regel 5-7 Jahre. In diesem Fall wurde die Halle seit über 30 Jahre als Lager benutzt und wird in der Zukunft den Besitzer sowie die Nutzung nicht wechseln. Aus diesem Grund beziehen sich die Langzeitkosten auf 10 bzw. 20 Jahre.

Die Nachhaltigkeit wurde über die Berechnung der $CO_2$-Emissionen des Ist-Zustands und der verschiedenen Sanierungsvarianten, auf Basis deren Energiebedarfs, untersucht. Zudem wurde als $CO_2$-Emission senkende Maßnahme die Dachbegrünung untersucht.

Da die Sanierungsarbeiten und deren Ausführung den Betrieb der Lagerhalle nicht stören dürfen, wurde die mögliche/in Frage kommende Ausführung der Sanierungsarbeiten untersucht.

# 6 Untersuchungsaufbau

## 6.1 ECOTECH

Die Erstellung eines Energieausweises für das Gebäude vor und nach der Sanierung ist für den Antrag auf Förderungen für Sanierungsarbeiten unbedingt notwendig.

Für die Erstellung von Energieausweisen ist das Programm ECOTECH von BuildDesk Österreich GmbH benutzt worden. Die erstellten Energieausweise, die die Bedingungen der OIB Richtlinie 6 aus 2011 entsprechen, wurden für die Berechnung der Fördersumme verwendet.

Die Gebäudegeometrie wurde auf Basis der zu Verfügung gestellten Pläne und der vor Ort getätigten Vermessung eingegeben.

In das Rechenmodel wurden die Klimadaten aus der Datenbank von ECOTECH für Wien, den 12. Bezirk benutzt.

Als Nutzungsprofil wurde die Gebäudeklasse 13, OIB Richtlinie 6, benutzt.

Aufbauend auf das Rechenmodel für den Ist-Zustand wurden weitere Rechenmodelle für die diversen Sanierungsvarianten mit verschiedenen Dämmsystemen und unterschiedlichen Dämmstärken hergestellt und berechnet.

Der Energieausweis nutzt die vordefinierten Input-Daten für bestimmte Gebäudetypen und dient hauptsächlich zum Vergleich verschiedener Varianten. Die im Energieausweis enthaltenen Ergebnisse entsprechen nicht immer der Realität, da die objektspezifischen Nutzungsdaten nicht detailliert berücksichtigt werden können. In diesem Fall konnte das Rolltor für die Kommissionierung und dessen Öffnungszeiten nicht in das Modell eingegeben werden. Außerdem schwanken die Innentemperaturen der Halle und weichen dadurch von den fixen Normwerten ab.

Laut [ONO11] wird die Kühlung eines Raumes, nach dem die Raumtemperatur über 27° C steigt, eingeschaltet. Das führte dazu, dass im Energieausweis des Ist-Zustands sowie der Sanierungsvarianten rechnerisch kein Kühlbedarf entsteht.

## 6.2 IDA Indoor Climate and Energy

Wegen der Begrenzung des Energieausweises wurde für die detaillierte Berechnung des Energiebedarfs der untersuchten Lagerhalle das Programm IDA Indoor Climate and Energy (IDA ICE) von Equa Simulation AB, Sweden benutzt. Das ist ein Rechenprogramm für die dynamische Gebäudesimulation.

Das Programm bietet die Möglichkeit der genauen Eingabe aller Gebäudedetails, die mittels Differentialgleichungen genau berechnet werden. Die Simulation benutzt dazu das richtige Innen- und Außenklima in Form von Stundenwerten. Dank dieser sehr detaillierten Eingabe liegen die berechneten Ergebnisse sehr nah an der Realität.

Die Klimadaten und Windprofile für Wien, die in der Berechnung benutzt wurden, stammen aus der von IDA ICE verwendeten Datenbank.

Die Geometrie des Rechenmodells wurde auf Basis der Pläne und der Messungen eingegeben.

Das ständige Öffnen und Schließen des Rolltors führt zu einem hohen Luftwechsel und erzeugt somit auch erhöhte Energieverluste. Die Anzahl an Öffnungen des Rolltors wurde von der Firma mit 200 bis 300 pro Tag grob geschätzt. Das entspricht einem Öffnen von ca. allen zwei Minuten. IDA ICE verfügt über die Möglichkeit Öffnungszeiten von Türen und Fenstern mit einem Intervall von 30 Minuten anzugeben. Das hat dazu geführt, dass in das Rechenmodell eingegeben wurde, dass das Rolltor in der Arbeitszeit in 30-minütigen Intervallen geöffnet und geschlossen wird.

Als innere Wärmequellen wurden die 82 Lichtkörper an der Oberfläche der Decke gleichmäßig verteilt. Die Beleuchtung wird nur innerhalb der Arbeitszeit eingeschaltet.

Die Firma konnte die Leistung der fünf Stapler nicht angeben. Im Rechenmodell wurde ein durchschnittlicher Stromverbrauch aus der Literatur, pro Stapler von 1.5 kWh/h eingetragen. Dieser Energieverbrauch wurde laut der Datenblätter der Gabelstapler von zwei Herstellern [KOM13] und [STI13a], [STI13b]) entnommen. Diese Innenlast wurde nur innerhalb der Arbeitszeit in der Berechnung berücksichtigt.

Für die Bestimmung der Klimaanlage wurden die technischen Daten der vorhandenen Klimaanlage benutzt. In das Rechenmodell wurde eine konstante Zuluftmenge von 28000 $m^3$/h eingegeben. Die Klimaanlage wurde mit einer Kühlleistung von 48.8kW bzw. einer Heizleistung von 141kW eingegeben.

## 6.3 Wirtschaftlichkeit

Die Ergebnisse der Berechnungen verschiedener Sanierungsvarianten wurden für die Bestimmung der Wirtschaftlichkeit in einer Excel-Tabelle zusammengestellt.

Es wurde die Annahme getroffen, dass der Gesamtenergiebedarf im Strom berechnet wurde und die Energiekosten als Stromkosten betrachtet wurden. Das Großunternehmer bezahlt einen Strompreis von 0,10 €/kWh und dieser wurde in den Berechnungen benutzt.

Die durchschnittliche Inflationsrate in Österreich zwischen den Jahren 2000 und 2010 betrug 1.9% [WIR13]. Deswegen wurde angenommen, dass die Strompreise in der gleichen Größenordnung steigen würden. In der Berechnung der Langzeitkosten für die Nutzung wurde eine Strompreisindexierung eingesetzt. Der Strompreisindex wurde zuerst mit 2% angesetzt und wurde nach der Konsultation mit der Firma auf 3% und 5% erhöht. Zufolge dieser Besprechung wurden Kapitalzinsen für die Sanierungskosten mit einer Höhe von 3% und 9% in der Berechnung berücksichtigt.

Nach der Einholung von mehreren Angeboten von Baufirmen wurden folgende Preise für die Dämmsysteme (inklusive Einbau) in den Wirtschaftlichkeitsberechnungen benutzt:

Tabelle 10 - Preise der Dämmsysteme

| Dämmsystem | Preis für 10 cm Dämmstärke [€/m²] | für jeden weiteren cm Dämmstärke [€/m²] | |
|---|---|---|---|
| EPS | 80€ | 0,60 | nicht nachwachsend |
| Steinwolle | 120 € | 1,2 € | Ökologisch, nicht nachwachsend |
| Mineralschaumplatten | 120 € | 1,2 € | Ökologisch, nicht nachwachsend |

## 6.4 Nachhaltigkeit

Die $CO_2$-Emissionen des Ist-Zustands und der Sanierungsvarianten wurden aus ihrem Stromverbrauch berechnet. Für diese Berechnung wurde der Konversionsfaktor aus der OIB Richtlinie 6 von 2011 benutzt.

Für Strom (Österreich-Mix) wird der Konversionsfaktor mit 417 g/kWh [ONO11] verwendet. Dieser Faktor wird mit dem Gesamtenergiebedarf der Sanierungsvarianten multipliziert und dadurch die approximativen $CO_2$-Emissionen berechnet.

Auch die Möglichkeit einer Dachbegrünung der Dachfläche der Lagerhalle wurde zur Senkung der $CO_2$-Emissionen untersucht.

### 6.4.1 Dachbegrünung

Begrünte Dächer zeigen viele ökologische, städtebauliche und bautechnische Vorteile aus. Sie:

- schützen die Dachhaut vor UV-Strahlung, Überhitzung, Kälte und einfrieren, und bieten Hagelschutz an.
- wirken Schalldämmend auf der Dachfläche.
- bieten neue Lebensräume für Pflanzen und Tiere an und vermeiden die Versiegelung.
- Rückhalten von Niederschlagswasser
- Verbessern das Mikroklima durch Staubbindung
- bieten Wärmeschutz und ermöglichen eine Senkung der Kosten für Heizung und Kühlung

Es wurden Dachsysteme von mehreren Herstellern analysiert. Je nachdem, ob die Dachfläche begehbar sein oder nur als Schutzschicht dienen sollte, sind zwei Systeme möglich.

Eine extensive Dachbegrünung ist leicht und hat eine geringe Aufbauhöhe. Außerdem benötigt die extensive Dachbegrünung nur geringen Pflegeaufwand. Ein bis zwei Wartungsgänge pro Jahr genügen in der Regel. Dieser Art von Dachbegrünung eignet sich auch für geneigte Dächer. [ZIN13a] Einen typischen Systemaufbau einer extensiven Dachbegrünung wird in Abbildung 5 dargestellt.

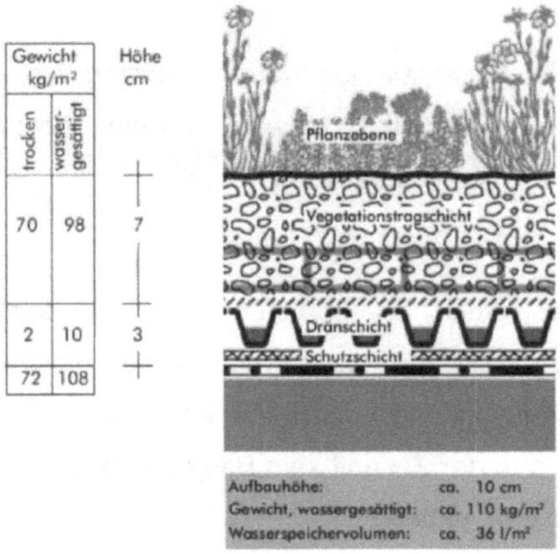


Abbildung 5 - Systemaufbau von einer extensiven Dachbegrünung [ZIN13a]

Die intensiven Dachbegrünungen zeichnen sich mit nahezu unbegrenzten Gestaltungsmöglichkeiten aus. Allerdings bedarf es mehr Wartung und Pflege je nach Intensität der Bepflanzung. Eine intensive Dachbegrünung lässt sich mit dem Aufbau eines Gartens auf einem Dach vergleichen. Diese Dächer sind meist multifunktional und zugänglich. Eine intensive Dachbegrünung erfordert mehr Gewicht und einen höheren Systemaufbau. Die Wartung hat regelmäßig zu erfolgen und hängt von der Gestaltung und den gewählten Pflanzen ab. Dabei sind in Abhängigkeit der Schichtdicke nahezu alle Pflanzen wie Rassen, Stauden, Sträucher, Bäume einschließlich anderer landschaftsgestalterischer Maßnahmen wie Teiche, Pergolen und Terrassen möglich. [ZIN13b]

Wegen des schwankenden Feuchtegehalts der Dachbegrünung kann die Dämmwirkung der Bodenschicht in Berechnungen nicht berücksichtigt werden.

Die Tragfähigkeit des Dachs der untersuchten Lagerhalle ist nicht richtig bekannt. Da Dachbegrünungen ein großes Systemgewicht aufzeigen (mindestens 90 kg/m²) ist der Anbau eines begrünten Daches an der Lagerhalle ohne die Tragfähigkeit zu überprüfen nicht zu empfehlen. Deswegen wurde diese Variante nicht weiter verfolgt.

## 6.5 Energieerzeugung

Der Gesamtenergiebedarf der Lagerhalle kann durch Nutzung von vor Ort erzeugter Energie gesenkt werden. Für diesen Zweck wurden Photovoltaik-Anlagen für die vorhandenen Oberflächen untersucht.

### 6.5.1 Photovoltaikanlagen

Die Lagerhalle zeigt einen guten Standort für die Installation einer Photovoltaikanlage. Auf der Südseite der Lagerhalle befinden sich keine anderen Bebauungen die zu Verschattung führen können. Laut dem lokalen Flächenwidmungsplan, wird auch in der Zukunft kein Bauwerk mit einer Höhe, die zu Verschattung führen könnte, angebaut.

Die Flächen an der Lagerhalle und Nachbargebäuden, die für die Montage einer Photovoltaikanlage benutzt werden können, sind in Abbildung 6 dargestellt.

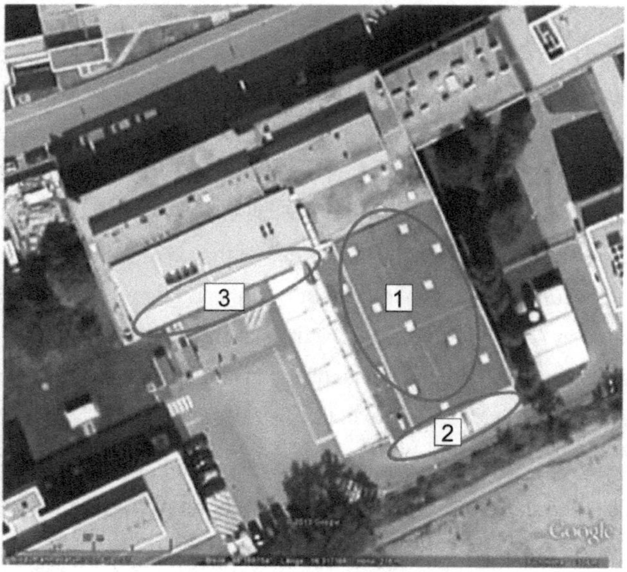


Abbildung 6 - Nutzbare Oberflächen für den Anbau von Photovoltaikanlagen

Es wurden die Dachfläche und Südfassade der Lagerhalle und die südliche Dachfläche des Nachbargebäudes als mögliche Montageflächen untersucht.

Für die Preisbestimmung wurde am Anfang der deutsche Photovoltaik-Preisindex benutzt: schlüsselfertig 1.510 Euro netto je kWp [PHO13]. Die Preise für PV-Anlagen sind in Österreich gewöhnlich teurer. Um auch einen Preis für Österreich zu haben, wurden österreichische Unternehmen gefragt, die im Bereich Verkauf und Montage von PV-Anlagen tätig sind. Der Preis für die PV-Anlage wurde in folgenden Simulationen mit 1750€/kWp- laut österreichischen Unternehmen berechnet.

**Simulationsergebnisse:**

- **Dachfläche des Hochregallagers (1)**

Ertragsprognose

| | |
|---|---|
| PV-Bruttofläche: | 244,49 m² |
| PV-Leistung: | 36,75 kWp |
| PV-Ertrag: | 38.056 kWh/Jahr |
| Spez. Ertrag: | 1.035 kWh/kWp.Jahr |
| CO2-Reduzierung: | 33.712 kg/a |

Wirtschaftliche Prognose

| | |
|---|---|
| Kostenschätzung: | ca.64.000€ |
| Kosten je Flächeneinheit: | ca. 263€ |
| Betriebskosten: | ca. 321 €/Jahr |
| Betrachtungszeitraum: | 25 Jahre |
| Kapitalzins: | 3% |
| Volleinspeisung: (bei OeMAG Einspeisevergütung) | 0,18 €/kWh für die ersten 13 Jahren |
| Amortisation: | ca. 12,4 Jahre |
| Stromgestehungskosten: | 0,10€/kWh |
| Rendite: | 5,7% |

- **Fassade des Hochregallagers (2)**

Ertragsprognose

| | |
|---|---|
| PV-Bruttofläche: | 146,36 m² |
| PV-Leistung: | 22 kWp |
| PV-Ertrag: | 15.791 kWh/Jahr |
| Spez. Ertrag: | 717,7 kWh/kWp.Jahr |

| | |
|---|---|
| $CO_2$-Reduzierung: | 13.989 kg/a |

Wirtschaftliche Prognose

| | |
|---|---|
| Kostenschätzung: | ca.38.500€ |
| Kosten je Flächeneinheit: | ca. 264€ |
| Betriebskosten: | ca. 192 €/Jahr |
| Betrachtungszeitraum: | 25 Jahre |
| Kapitalzins: | 3% |
| Volleinspeisung: (bei OeMAG Einspeisevergütung) | 0,18 €/kWh für die ersten 13 Jahren |
| Amortisation: | ca. 25 Jahre |
| Stromgestehungskosten: | 0,15 €/kWh |

Zufolge des niedrigeren spezifischen Ertrags, der langen Amortisationszeit und der hohen Stromgestehungskosten wird die PV-Anlage an der Fassade als unwirtschaftlich angesehen und wird nicht weiter untersucht.

- **Dach des Nebengebäudes (3)**

Dieses Dach ergibt etwa die Gleichen Ertragsprognosen und auch Kostenabschätzungen wie die Dachfläche des Hochregallagers.

Ertragsprognose

| | |
|---|---|
| PV-Bruttofläche: | 172,8 m² |
| PV-Leistung: | 15,5 kWp |
| PV-Ertrag: | 15.600 kWh/Jahr |
| Spez. Ertrag: | 1.035 kWh/kWp.Jahr |
| $CO_2$-Reduzierung: | 14.218 kg/kWp.Jahr |

Wirtschaftliche Prognose

| | |
|---|---|
| Kostenschätzung: | ca.26.500€ |
| Kosten je Flächeneinheit: | ca. 263€ |
| Betriebskosten: | ca. 321 €/Jahr |
| Betrachtungszeitraum: | 25 Jahre |
| Kapitalzins: | 3% |

| | |
|---|---|
| Volleinspeisung: (bei OeMAG Einspeisevergütung) | 0,18 €/kWh für die ersten 13 Jahren |
| Amortisation: | ca. 12,4 Jahre |
| Stromgestehungskosten: | 0,10€/kWh |
| Rendite: | 5,7% |

Die Abbildung 7 zeigt den Kostenunterschied für die Montage der PV-Anlagen, die angenommen wurden, mit und ohne Förderung.

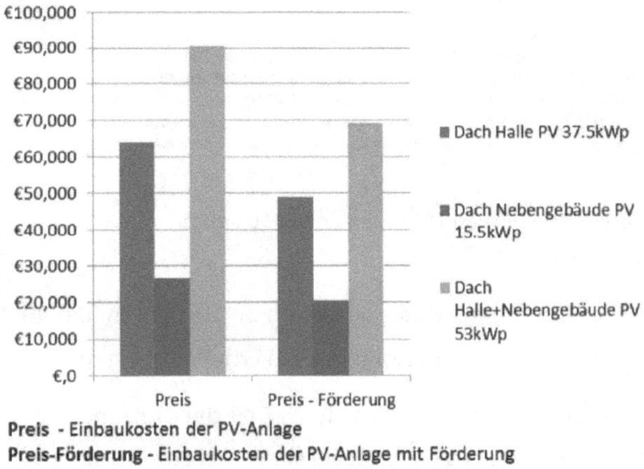


Abbildung 7 - Einbaukosten PV-Anlage mit und ohne Förderung

Die Langzeitkosten sind bezüglich der Nutzung des erzeugten Stroms unterschiedlich. Der durch die PV-Anlage erzeugte Strom kann entweder direkt verbraucht oder ins Netz eingespeist werden.

Die PV-Anlagen erfüllen alle Förder-Bedingungen. In der Berechnung wurde der höchste Fördersatz, den man bekommen kann, benutzt. In der Berechnung werden im Fall der Nutzung des erzeugten Stroms 400 €/kWpeak verwendet [LAN13] und im Fall der Einspeisung 200 €/kWpeak. [OEM13]

Die Abbildung 8 zeigt die Gesamtkosten (Einbaukosten und Gewinne) mit und ohne Förderung nach 10 Jahren für die PV-Anlagen.

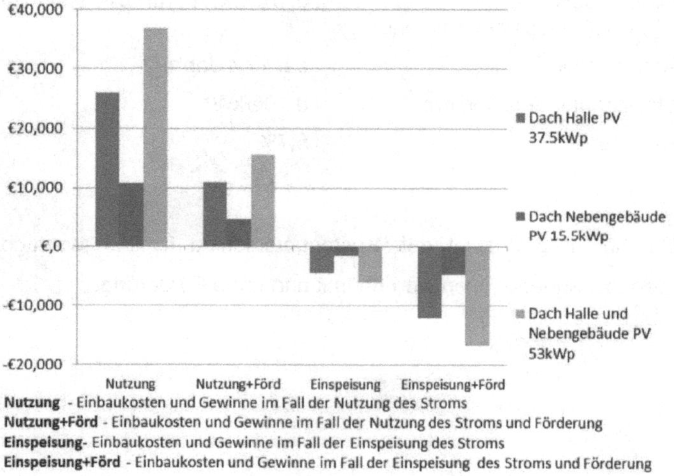


Abbildung 8 - Gesamtkosten PV-Anlage nach 10 Jahren

Man kann erkennen, dass schon nach 10 Jahren die Einspeisung des Stroms ins Festnetz wirtschaftlicher als die Eigennutzung mit Förderung ist.

Nach 20 Jahren, kann man auch im Fall der Nutzung von einem Gewinn sprechen (siehe Abbildung 9). Die Gewinne werden umso größer, wenn man auch die mögliche Förderung hineinzieht.

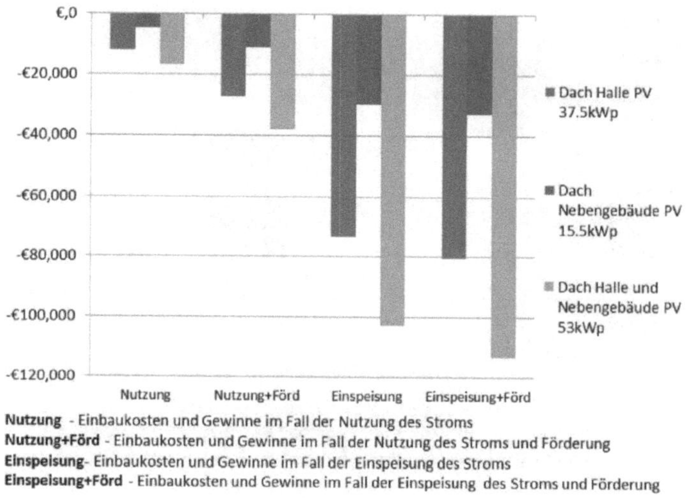


Abbildung 9 - Gesamtkosten PV-Anlage nach 20 Jahren

Die Einspeisung ins Stromnetz zeigt sich als wirtschaftlichste Anwendung für die PV-Anlage.

Der Bestfall der Anwendung von PV-Anlagen wird In der Abbildung 10 dargestellt. Der Fall der Einspeisung ins Stromnetz und Förderung in Höhe von 200€/kWpeak wird dargestellt.

Die Werte der Berechnung der Photovoltaikanlagen werden in Tabelle 11 dargestellt.

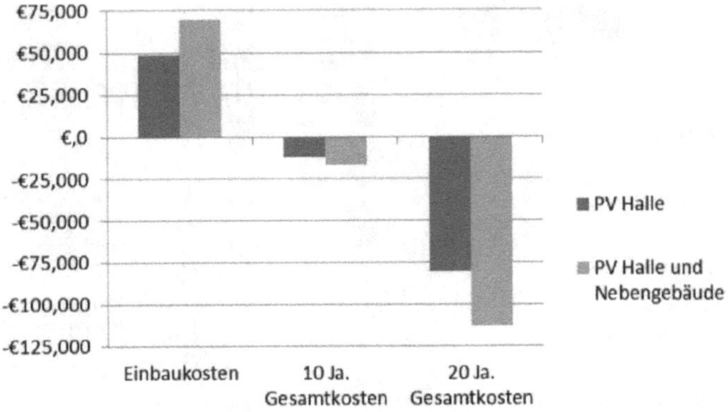


**Einbaukosten** - Die Einbaukosten der PV-Anlage und Förderung
**10 Ja. Gesamtkosten** - Einbaukosten und Gewinne nach 10 Jahre bei Einspeisung
**20 Ja. Gesamtkosten** - Einbaukosten und Gewinne nach 20 Jahre bei Einspeisung

Abbildung 10 – Bestfall für die Anwendung von PV-Anlagen

Tabelle 11 – Wirtschaftlichkeit PV-Anlagen

| Variante | PV-Gewinne [kWh] | kWp | Einbau Kosten | 10 Jahre Gesamtkosten | | | | 20 Jahre Gesamtkosten | | | |
|---|---|---|---|---|---|---|---|---|---|---|---|
| | | | | Nutzung | Nutzung + Förderung | Einspeisung | Einspeisung + Förderung | Nutzung | Nutzung + Förderung | Einspeisung | Einspeisung + Förderung |
| Dach Halle PV 37.5kWp | 38056 | 37.5 | €64,000.00 | €25,944.00 | €10,944.00 | -€4,500.80 | -€12,000.80 | -€12,112.00 | -€27,112.00 | -€73,001.60 | -€80,501.60 |
| Dach Nebengebäude PV 15.5kWp | 15600 | 15.5 | €26,500.00 | €10,900.00 | €4,700.00 | -€1,580.00 | -€4,680.00 | -€4,700.00 | -€10,900.00 | -€29,660.00 | -€32,760.00 |
| Dach Halle und Nebengebäude PV 53kWp | 53656 | 53 | €90,500.00 | €36,844.00 | €15,644.00 | -€6,080.80 | -€16,680.80 | -€16,812.00 | -€38,012.00 | - €102,661.60 | - €113,261.60 |

# 7 Ergebnisse

## 7.1 Erst untersuchte Sanierungsvarianten

Zuerst wurden die Sanierungsmöglichkeiten und Maßnahmen, die zu höchst möglichen Fördersätzen führen, betrachtet. In diesem Sinne wurden herkömmliche Wärmedämmsysteme aus EPS und auch ökologische Wärmedämmsysteme untersucht.

Die untersuchten Sanierungsvarianten werden in der folgenden Liste dargestellt:

- Wärmedämmverputzsystem aus EPS an der Außenwand mit 10 cm, 14 cm, 25 cm und 30 cm Plattenstärke
- Steinwolle mit 30 cm Dämmstärke an der Außenwand (ökologisch, nicht nachwachsend)
- Mineralschaumplatten mit 30 cm Dämmstärke an der Außenwand (ökologisch, nicht nachwachsend)
- Schafwolle-dämmung mit 25 cm Dämmstärke an der Außenwand (ökologisch und nachwachsend)
- Flachsdämmung mit 30 cm Dämmstärke an der Außenwand (ökologisch und nachwachsend)
- Korkdämmung mit 30 cm Dämmstärke an der Außenwand (ökologisch und nachwachsend)

In Folge der Sanierung mindern sich die Wärmeverluste der Außenwände und führen dazu, dass der Großteil der Wärmeverluste nur noch am Dach und Fußboden stattfindet. Eine minimale Erhöhung der Stärke der vorhandenen Dachdämmung führt zu einer deutlichen Senkung der Wärmeverluste in der Dachebene. Auf Basis der Sanierungsvariante mit WDVS-EPS 25 cm an der Außenwand wurde eine Sanierungsvariante mit 5 cm vergrößerter Dachdämmung angebracht.

Der Anteil der Wärmeverluste durch die unterschiedlichen Bauteile ist in der Abbildung 11 dargestellt.

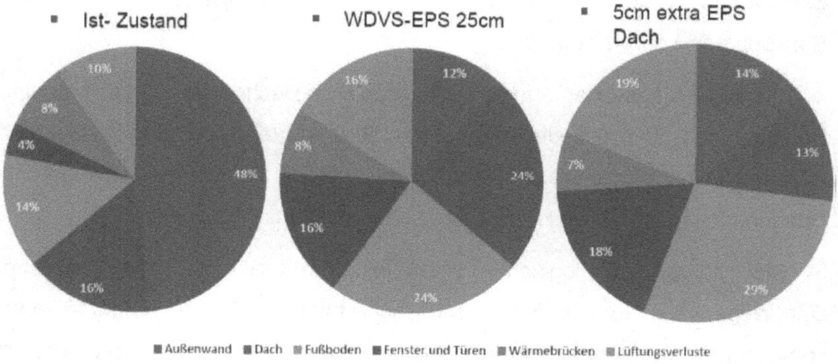


Abbildung 11 - Wärmeverlustanteil über den unterschiedlichen Bauteilen

Es muss berücksichtigt werden, dass Wärmedämmungen aus nachwachsenden Rohstoffen (in unseren Fall Schafwolle, Kork und Flachs) nicht für erdberührende oder spritzwassergefährdete Bauteile geeignet sind. Da sie feuchteempfindlich und auch in Vergleich zu den anderen Baustoffen etwas teuer sind, wurden sie für die Sanierung der Halle nicht weiter berücksichtigt.

Die Ergebnisse der Untersuchung mit ECOTECH (Energieausweis) sind in der folgenden Tabelle dargestellt:

Tabelle 12 - Ergebnisse der Untersuchung mit ECOTECH

| Variante | LEK-Wert | HBW,SK [kWh/m$^2$] | HWB,RK [kWh/m$^2$] | EEB,SK [kWh/m$^2$] |
|---|---|---|---|---|
| Ist-Zustand | 37.69 | 186.67 | 181.23 | 290.2 |
| WDVS-EPS 10cm | 23.62 | 125.6 | 121.6 | 229.6 |
| WDVS-EPS 14cm | 22.11 | 117.7 | 113.8 | 221.6 |
| WDVS-EPS 25cm | 20.6 | 106.3 | 102.6 | 209.8 |
| WDVS-EPS 30cm | 20.1 | 103.5 | 99.8 | 206.9 |
| WDVS-EPS 25cm + 5cm Dach | 17.09 | 85.7 | 82.8 | 188.5 |
| Steinwolle 30cm | 18.59 | 118.7 | 114.9 | 221.7 |
| Mineralschaumplatten 30cm | 18.59 | 118.7 | 114.9 | 221.7 |

Der WDVS-EPS bringt schon mit 10 cm Dämmstärke eine deutliche Senkung des Heizwärmebedarfs im Vergleich zum Ist-Zustand. Die

Sanierungsvarianten mit größeren Dämmstärken führen zu einer weiteren Senkung des Energiebedarfs.

Die Sanierungsvariante mit 5 cm zusätzlicher Dachdämmung führt zu einer Senkung des Energiebedarfs von über 50% in Vergleich zum Ist-Zustand. Infolge dieser Ergebnisse wurde im ersten Schritt entschieden die Dachdämmung in den weiteren Untersuchungen zu berücksichtigen.

Die zwei ökologischen Dämmstoffe zeigen die gleichen Dämmeigenschaften und haben auch sehr ähnliche Preise. Aufgrund etwas komplexerer Durchführung wurde entschieden, dass die Sanierungsvariante mit Steinwolle nicht weiter untersucht wird.

### 7.1.1 Wirtschaftlichkeit

Unter der Annahme, dass der Heizbedarf elektrisch gedeckt wird, sind die Energiekosten aus den errechneten HWB als Stromkosten (0,10€/kWh) für alle Varianten berechnet worden. Die Transmissionsverluste wurden pauschal mit einem Faktor von 1,29 [POH12] angenommen.

Diese Kosten wurden anschließend zu den Sanierungskosten mit der Förderung dazu gerechnet, um an die Langzeitkosten der Sanierungsvarianten für 10 bzw. 20 Jahre zu kommen.

Die Abbildung 12 zeigt die Wirtschaftlichkeit der untersuchten Sanierungsvarianten in Vergleich zu dem Ist-Zustand.

Die Gesamtkosten für 10 bzw. 20 Jahre beinhalten im Fall des Ist-Zustands nur die Energiekosten für die Nutzung. Im Fall der Sanierungsvarianten enthalten die Gesamtkosten zusätzlich noch die Kosten für die Sanierung und auch die mögliche Förderung, die für die Sanierung gewährt werden kann.

Nach 10 Jahren Nutzung sind alle Sanierungsvarianten teurer als der Ist-Zustand. Die Sanierungsvarianten mit WDVS-EPS 25cm und 30cm sind um nur 5% teurer als der Ist-Zustand.

Nach 20 Jahren Nutzung ist der Ist-Zustand die unwirtschaftlichste Variante und im Vergleich zu den zwei Sanierungsvarianten aus Steinwolle und Mineralschaumplatten vernachlässigbar besser. Die Sanierungsvarianten aus

WDVS-EPS sind schon mit der 10 cm Dämmstärke um 13% besser. Die Sanierungsvariante mit Dachdämmung zeigt Langzeitkosten, die ähnlich der Sanierungsvariante WDVS-EPS 14 cm sind.

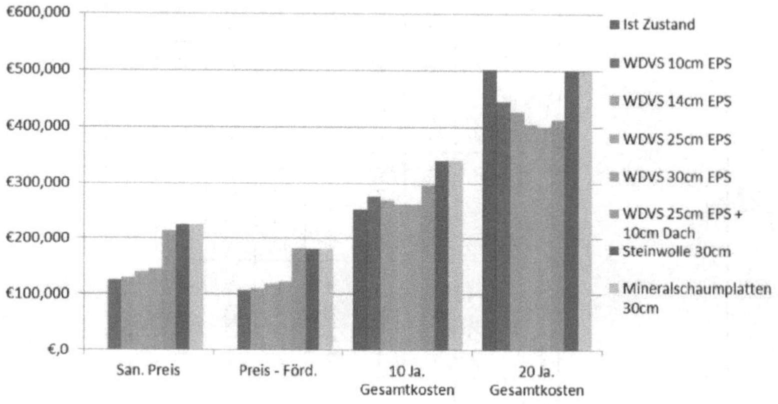


**San.Preis** - Die einmalige Kosten für die Sanierung
**Preis - Förd** - Sanierungspreis mit den möglichen Förderungssatz abgezogen
**10 Ja. Gesamtkosten** - Summe der Energiekosten und Sanierungskosten mit Förderungen nach 10 Jahre
**20 Ja. Gesamtkosten** - Summe der Energiekosten und Sanierungskosten mit Förderungen nach 20 Jahre

Abbildung 12 - Wirtschaftlichkeit der ersten Sanierungsvarianten

Alle untersuchten Sanierungsvarianten erfüllen die nötigen Bedingungen um einen Fördersatz von 15% zu bekommen. Die Sanierungsvarianten aus ökologischen Dämmstoffen bekommen einen um 5% höheren Fördersatz. Da die Fördersätze für jede Variante einfach dazu gerechnet werden können, wurde entschieden, die Förderung in die Wirtschaftlichkeitsberechnung nicht mehr einzubeziehen.

Die Wirtschaftlichkeitsuntersuchungen sind in Tabelle 13 dargestellt.

Tabelle 13 – Wirtschaftlichkeitsanalyse nach Ecotech Untersuchung.

| Variante | LEK-Wert | HWB, SK [kWh/m²] | Preis [€/m²] | Fläche Fas. [m²] | San. Preis [€] | Förderung | Öko-Zuschlag | Preis - Förd. [€] | 10 Jahre Energie Kosten [€] | 20 Jahre Energie Kosten [€] | 10 Jahre Gesamt Kosten [€] | 20 Jahre Gesamt Kosten [€] |
|---|---|---|---|---|---|---|---|---|---|---|---|---|
| IST- Zustand | 37.69 | 186.67 | - | 1564.91 | 0 | 0% | 0% | €,0.00 | €250,894.00 | €501,788.00 | €250,894.00 | €501,788.00 |
| WDVS 10cm EPS | 23.62 | 125.6 | 80 | 1564.91 | €125,192.80 | 15% | 0% | €106,413.88 | €168,812.81 | €337,625.61 | €275,226.69 | €444,039.49 |
| WDVS 14cm Eps | 22.11 | 117.7 | 82.4 | 1564.91 | €128,948.58 | 15% | 0% | €109,606.30 | €158,194.80 | €316,389.61 | €267,801.10 | €425,995.90 |
| WDVS 25cm EPS | 20.60 | 106.3 | 89 | 1564.91 | €139,276.99 | 15% | 0% | €118,385.44 | €142,872.62 | €285,745.24 | €261,258.06 | €404,130.68 |
| WDVS 30cm EPS | 20.10 | 103.5 | 92 | 1564.91 | €143,971.72 | 15% | 0% | €122,375.96 | €139,109.28 | €278,218.56 | €261,485.24 | €400,594.52 |
| WDVS 25cm EPS + 10cm Dach | 17.09 | 85.7 | 92 | 1564.91 | €214,363.72 | 15% | 0% | €182,209.16 | €115,185.17 | €230,370.34 | €297,394.33 | €412,579.50 |
| Steinwolle 30cm | 18.59 | 118.7 | 144 | 1564.91 | €225,347.04 | 15% | 5% | €180,277.63 | €159,538.85 | €319,077.71 | €339,816.49 | €499,355.34 |
| Mineralschaumplatten 30cm | 18.59 | 118.7 | 144 | 1564.91 | €225,347.04 | 15% | 5% | €180,277.63 | €159,538.85 | €319,077.71 | €339,816.49 | €499,355.34 |

## 7.2 Untersuchung mit IDA ICE

Aus Ergebnissen der Untersuchung mit ECOTECH wurden für die detaillierte dynamische Simulations-Untersuchung mit IDA ICE folgende Sanierungsvarianten in Betracht genommen:

- WDVS-EPS an der Außenwand mit 10 cm, 25 cm und 30 cm Plattenstärke
- Mineralschaumplatten mit 30 cm Dämmstärke an der Außenwand
- WDVS-EPS an der Außenwand mit 25 cm Plattenstärke und 20 cm Mineralwolle am Dach
- WDVS-EPS an der Außenwand mit 30 cm Plattenstärke und 20 cm Mineralwolle am Dach

Die Ergebnisse der Untersuchung mit IDA ICE sind in Tabelle 14 abgebildet.

Tabelle 14 - Ergebnisse der Untersuchung mit IDA ICE

| Variante | HWB, [kWh/m²] | KB [kWh/m²] | Licht [kWh/m²] | HVAC [kWh/m²] | Geräte [kWh/m²] | Gesamt Energie Bedarf [kWh/m²] |
|---|---|---|---|---|---|---|
| IST- Zustand | 169.7 | 11.5 | 5.9 | 7.5 | 10.7 | 205.3 |
| WDVS-EPS 10cm | 112.8 | 8.6 | 5.9 | 6.8 | 10.7 | 144.8 |
| WDVS-EPS 25cm | 101 | 8.3 | 5.9 | 6.8 | 10.7 | 132.7 |
| WDVS-EPS 30cm | 99.4 | 8.3 | 5.9 | 6.8 | 10.7 | 131.1 |
| Mineralschaumplatten 30cm | 100.7 | 8.3 | 5.9 | 6.8 | 10.7 | 132.4 |
| WDVS 25cm EPS + 20cm Dach | 80.8 | 7.4 | 5.9 | 6.3 | 10.7 | 111.1 |
| WDVS 30cm EPS + 20cm Dach | 79.8 | 7.4 | 5.9 | 6.3 | 10.7 | 110.1 |

Alle untersuchten Varianten zeigen einen Kühlbedarf, der in der Energieausweis-Berechnung mit ECOTECH nicht dargestellt war. Die Sanierungsvarianten mit Dachdämmung zeigen, im Vergleich zu den Varianten ohne Dachdämmung, den kleinsten Energiebedarf.

Zwischen den Sanierungsvarianten WDVS-EPS 25 cm und 30 cm wurde ein vernachlässigbarer Unterschied des Gesamtenergiebedarfs berechnet. Der Unterschied in den Sanierungskosten der zwei Sanierungsvarianten ist auch sehr klein. Das hat dazu geführt, dass die Sanierungsvariante mit WDVS-EPS 25cm nicht weiter verfolgt wird.

### 7.2.1 Wirtschaftlichkeit

Eine Strompreisindexierung in der Größe von 2% wurde in die Berechnung der Langzeitkosten eingesetzt.

Die Wirtschaftlichkeit der untersuchten Sanierungsvarianten wird in Abbildung 13 dargestellt.

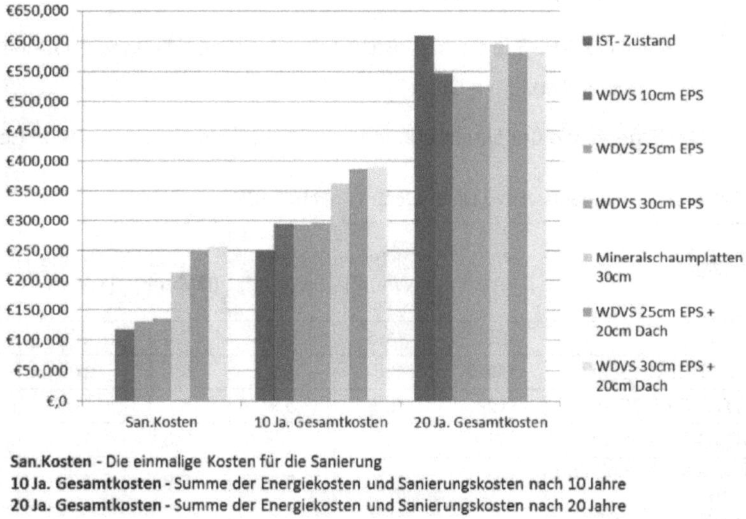


Abbildung 13 - Wirtschaftlichkeit der ersten Sanierungsvarianten

Die Langzeitkosten für den Gesamtenergiebedarf laut IDA ICE liegen näher beieinander als bei der Untersuchung mit ECOTECH.

Nach 10 Jahren Nutzung sind alle Sanierungsvarianten teurer als der Ist-Zustand. Die Sanierungsvarianten mit WDVS-EPS haben unabhängig von ihrer Dämmstärke fast die gleichen Gesamtkosten. Die Sanierungsvarianten mit Dachdämmung sind in diesem Fall die unwirtschaftlichsten.

Nach 20 Jahren Nutzung ist der Ist-Zustand die unwirtschaftlichste Variante. Die Variante mit Mineralschaumplatten ist um nur 2% besser als der Ist-Zustand.

Die Sanierungsvariante mit 30cm Mineralschaumplatten zeigt die größten Langzeitkosten und große Sanierungskosten. Aus diesem Grund wurde die Entscheidung getroffen diese Art von Sanierungsmaßnahme nicht weiter zu verfolgen.

Die zwei Sanierungsvarianten aus WDVS-EPS Dämmung und 20cm Dachdämmung zeigen große Sanierungs- und Langzeitkosten. Der sehr kleine Unterschied zwischen des Gesamtenergiebedarfs und den Langzeitkosten der Sanierungsvarianten hat zu der Entscheidung geführt die Sanierungsvariante mit WDVS-EPS 25cm und Dachdämmung für die weitere Untersuchung nicht zu verfolgen.

Die Sanierungsvariante WDVS-EPS mit 10 cm Dämmstärke zeigt sehr gute Ergebnisse, sowohl energetisch als auch wirtschaftlich. Die Firma hat sich entschieden eine, bei Sanierungen übliche, Dämmstärke zu verwenden. Somit wurde eine Dämmstärke von 18 cm in der weiteren Untersuchung untersucht.

Der Einbau von Photovoltaikanlagen wirkt sich stark auf die wirtschaftlichen Eigenschaften der Sanierungsvarianten aus.

Der Einfluss der Photovoltaikanlagen auf alle Varianten bezüglich Wirtschaftlichkeit wird in Abbildung 14 dargestellt.

In dieser Berechnung wurde von der Nutzung des von den Photovoltaikanlagen hergestellten Stroms und zwei Anlagen ausgegangen. Die erzeugte Strommenge wurde aus dem mit IDA ICE berechneten Gesamtenergiebedarf abgezogen.

Der Ist-Zustand zeigt mit dem Einbau der Photovoltaikanlagen, eine Senkung der Energiekosten in der Größenordnung der Sanierungsvariante mit WDVS-EPS 10 cm.

Nach 10 Jahren zeigen alle Sanierungsvarianten eine Steigerung der Gesamtkosten um ca. €25.000. Nach 20 Jahren führt der Einbau der Photovoltaikanlagen, bei allen Sanierungsvarianten zu einer Senkung der Gesamtkosten um ca. €67.000.

Auf Grund dieser Senkung der Gesamtkosten wurde die Entscheidung getroffen den Einfluss der Photovoltaikanlagen auch für die weiteren Untersuchungen zu beachten.

Die Ergebnisse der wirtschaftlichen Untersuchungen werden in Tabelle 15 und der Unterschied in der Anwendung der Photovoltaikanlagen in den letzten zwei Reihen der Tabelle dargestellt.

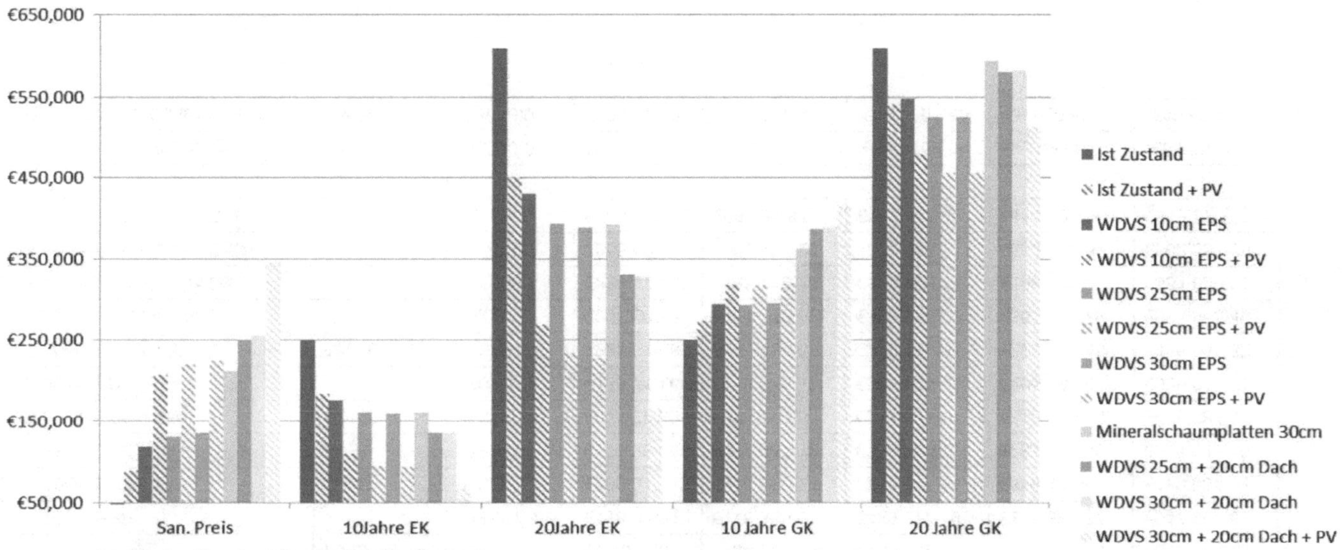


**San.Preis** - Die einmalige Kosten für die Sanierung
**10 Jahre EK** - Energiekosten nach 10 Jahre
**20 Jahre EK** - Energiekosten nach 20 Jahre
**10 Ja. Gesamtkosten** - Summe der Energiekosten und Sanierungskosten nach 10 Jahre
**20 Ja. Gesamtkosten** - Summe der Energiekosten und Sanierungskosten nach 20 Jahre

Abbildung 14 - Wirtschaftlichkeit IDA ICE Untersuchung mit PV-Anlagen

Tabelle 15 - Wirtschaftlichkeit IDA ICE Untersuchung mit PV-Anlage

| Variante | PV-Gewinne [kWh] | E Bilanz 1 Jahr [kWh] | San. Preis | 10 Jahre Energiekosten | 20 Jahre Energiekosten | 10 Jahre Gesamtkosten | 20 Jahre Gesamtkosten |
|---|---|---|---|---|---|---|---|
| IST- Zustand | | 205131.7 | €,0.00 | €250,054.34 | €609,629.69 | €250,054.34 | €609,629.69 |
| IST- Zustand + PV | 53656 | 151475.7 | €90,500.00 | €184,647.98 | €450,169.71 | €275,147.98 | €540,669.71 |
| WDVS 10cm EPS | | 144681.3 | €118,017.12 | €176,365.65 | €429,977.49 | €294,382.77 | €547,994.61 |
| WDVS 10cm EPS + PV | 53656 | 91025.3 | €208,517.12 | €110,959.29 | €270,517.51 | €319,476.41 | €479,034.63 |
| WDVS 25cm EPS | | 132591.2 | €131,294.05 | €161,627.92 | €394,047.06 | €292,921.96 | €525,341.10 |
| WDVS 25cm EPS + PV | 53656 | 78935.2 | €221,794.05 | €96,221.55 | €234,587.07 | €318,015.60 | €456,381.11 |
| WDVS 30cm EPS | | 130992.5 | €135,719.69 | €159,679.12 | €389,295.92 | €295,398.81 | €525,015.61 |
| WDVS 30cm EPS + PV | 53656 | 77336.5 | €226,219.69 | €94,272.76 | €229,835.94 | €320,492.45 | €456,055.62 |
| Mineralschaumplatten 30cm | | 132291.4 | €201,809.28 | €161,262.52 | €393,156.22 | €363,071.79 | €594,965.49 |
| WDVS 25cm EPS + 20cm Dach | | 111008.9 | €251,174.05 | €135,319.23 | €329,906.77 | €386,493.27 | €581,080.81 |
| WDVS 30cm EPS + 20cm Dach | | 110009.7 | €255,599.69 | €134,101.23 | €326,937.31 | €389,700.92 | €582,537.00 |
| WDVS 30cm EPS + 20cm Dach + PV | 53656 | 56353.7 | €346,099.69 | €68,694.87 | €167,477.32 | €414,794.56 | €513,577.01 |
| | | | | | | | |
| 53 kWp PV-Anlage (Nutzung) | 53656 | -53656.0 | €90,500.00 | -€65,406.36 | -€159,459.99 | €25,093.64 | -€68,959.99 |
| 53 kWp PV-Anlage (Einspeisung) | 53656 | -53656.0 | €90,500.00 | -€96,580.80 | -€193,161.60 | -€6,080.80 | -€102,661.60 |

## 7.3 Untersuchung der Endvarianten

Folgende Sanierungsvarianten wurden als Endvarianten in Betracht genommen:

- WDVS-EPS an der Außenwand mit 18 cm, und mit 30 cm Plattenstärke
- WDVS-EPS an der Außenwand mit 18 cm Plattenstärke und 20 cm Mineralwolle am Dach
- WDVS-EPS an der Außenwand mit 30 cm Plattenstärke und 20 cm Mineralwolle am Dach

Zusätzlich wurden folgende Details ausgearbeitet:

- Berechnete $CO_2$-Ansparung in Vergleich zum Ist-Zustand
- Amortisationszeit der Investitionen
- Langzeitkosten der Investitionen mit 3% und 9% Kapitalzinsen
- Energiepreisindexierung mit 3% und 5%
- Ausführungsmöglichkeiten im laufenden Betrieb

Die Ergebnisse der dynamischen Simulation mit dem IDA ICE Programm sind in der

Tabelle 16 abgebildet. Die Gewinne der Photovoltaik-Anlagen wurden für jede Sanierungsvariante bei der jährlichen Energiebilanz dazugerechnet.

Tabelle 16 - IDA ICE Simulationsergebnisse Endvariaten mit PV-Anlagen

| Variante | HWB, [kWh/m²] | KB [kWh/m²] | Licht [kWh/m²] | HVAC [kWh/m²] | Geräte [kWh/m²] | Gesamt E Verb. [kWh/m²] | PV-Gewinne [kWh] | E Bilanz 1 Jahr [kWh] |
|---|---|---|---|---|---|---|---|---|
| IST- Zustand | 169.7 | 11.5 | 5.9 | 7.5 | 10.7 | 205.3 | | 205131.7 |
| IST- Zustand +PV | 169.7 | 11.5 | 5.9 | 7.5 | 10.7 | 205.3 | 38056 | 167075.7 |
| IST-Zustand+2PV | 169.7 | 11.5 | 5.9 | 7.5 | 10.7 | 205.3 | 53656 | 151475.7 |
| WDVS 18cm EPS | 104.5 | 8.4 | 5.9 | 6.8 | 10.7 | 136.3 | | 136188.2 |
| WDVS 18cm EPS + PV | 104.5 | 8.4 | 5.9 | 6.8 | 10.7 | 136.3 | 38056 | 98132.2 |
| WDVS 18cm EPS + 2PV | 104.5 | 8.4 | 5.9 | 6.8 | 10.7 | 136.3 | 53656 | 82532.2 |
| WDVS 30cm EPS | 99.4 | 8.3 | 5.9 | 6.8 | 10.7 | 131.1 | | 130992.5 |
| WDVS 30cm EPS + PV | 99.4 | 8.3 | 5.9 | 6.8 | 10.7 | 131.1 | 38056 | 92936.5 |
| WDVS 30cm EPS + 2PV | 99.4 | 8.3 | 5.9 | 6.8 | 10.7 | 131.1 | 53656 | 77336.5 |
| WDVS 18cm EPS + Dach | 84.8 | 7.8 | 5.9 | 6.4 | 10.7 | 115.6 | | 115505.2 |
| WDVS 18cm EPS + Dach +PV | 84.8 | 7.8 | 5.9 | 6.4 | 10.7 | 115.6 | 38056 | 77449.2 |
| WDVS 18cm EPS + Dach +2PV | 84.8 | 7.8 | 5.9 | 6.4 | 10.7 | 115.6 | 53656 | 61849.2 |
| WDVS 30cm EPS + 20cm Dach | 79.8 | 7.4 | 5.9 | 6.3 | 10.7 | 110.1 | | 110009.7 |
| WDVS 30cm EPS + 20cm Dach + PV | 79.8 | 7.4 | 5.9 | 6.3 | 10.7 | 110.1 | 38056 | 71953.7 |
| WDVS 30cm EPS + 20cm Dach + 2PV | 79.8 | 7.4 | 5.9 | 6.3 | 10.7 | 110.1 | 53656 | 56353.7 |

### 7.3.1 $CO_2$-Emissionen

Die $CO_2$-Emissionen der betrachteten Varianten sind in der Abbildung 15 dargestellt.

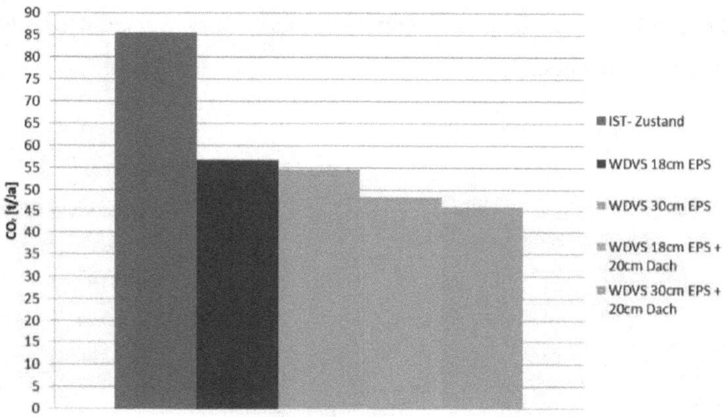


Abbildung 15 - $CO_2$-Emissionen

Die $CO_2$-Emissionen senken sich schon bei der Sanierungsvariante WDVS-EPS 18 cm um 33% und erfüllen somit die gestellten Ziele an die Sanierung. Die Sanierungsvarianten mit Dachdämmung zeigen eine weitere Senkung der $CO_2$-Emissionen um ca. 10 t/Jahr.

Die Sanierungsvariante WDVS-EPS 30 cm und Dachdämmung erzeugt im Vergleich zum Ist-Zustand um 46% weniger $CO_2$-Emissionen und hat somit die beste Nachhaltigkeit.

Die Werte der $CO_2$-Emission sind in Tabelle 17 abgebildet.

Tabelle 17 - $CO_2$-Emissionen

| Variante | Energie Bilanz 1 Jahr [kWh] | CO2 [t/Ja] | CO2 Einsparung [t/Ja] |
|---|---|---|---|
| IST- Zustand | 205131.7 | 85.53 | 0 |
| WDVS 18cm EPS | 136188.2 | 56.79 | -28.74 |
| WDVS 30cm EPS | 130992.5 | 54.62 | -30.91 |
| WDVS 18cm EPS + 20cm Dach | 115505.2 | 48.16 | -37.37 |
| WDVS 30cm EPS + 20cm Dach | 110009.7 | 45.87 | -39.66 |

7.3.2 Wirtschaftlichkeit

Kapitalzinsen in der Höhe von 3% bzw. 9% wurden nach Angaben der Firma für die wirtschaftliche Untersuchung eingesetzt. Zusätzlich sind die Stromkosten mit 3% bzw. 5% jährlich indexiert.

Die Abbildung 16 zeigt die Amortisationszeit der Sanierungskosten der untersuchten Varianten.

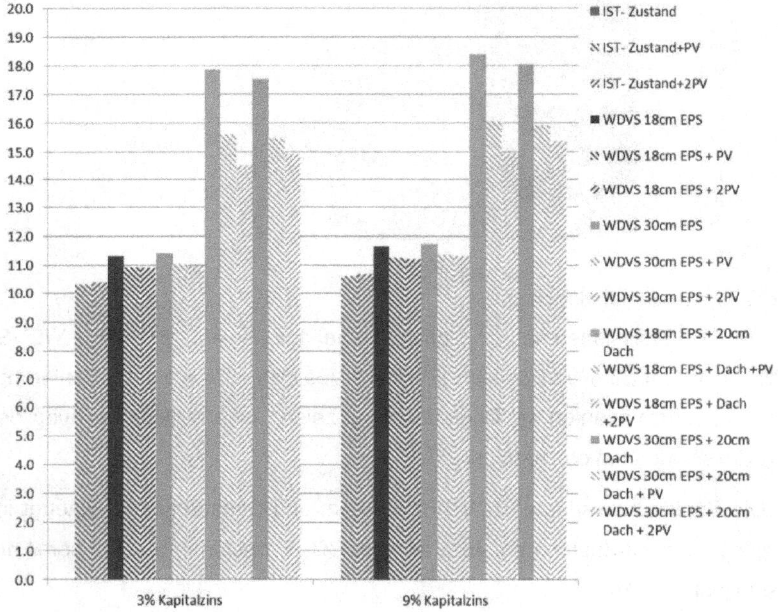


Abbildung 16 - Amortisationszeit der Investitionen

Die Amortisation wurde aus der Einsparung der Gesamtkosten im Vergleich zum Ist-Zustand ausgearbeitet.

Die Photovoltaik-Anlagen zeigen einen kleinen Einfluss auf die Amortisationszeit der Investitionen. Ob man nur eine Photovoltaik-Anlage am Dach der Lagerhalle oder zwei Photovoltaik-Anlagen (zusammen mit dem Dach des Nebengebäudes) installiert, hat keinen nennenswerten Einfluss auf die

Amortisationszeit. Im Fall mit Dachdämmung, bewirken die Photovoltaik-Anlagen eine Senkung der Amortisationszeit der Investition.

Der Unterschied zwischen den Amortisationszeiten mit 3% Kapitalzinsen und 9% Kapitalzinsen ist sehr gering.

Die Wirtschaftlichkeit der Sanierungsvarianten in Abhängigkeit von Kapitalzinsen und Strom-Index werden in folgenden Abbildungen dargestellt.

Wegen diverser wirtschaftlicher Parameter sind die Ergebnisse in mehrere Tabellen eingeteilt.

Die unterschiedlichen Kapitalzinsen beeinflussen nur die Sanierungskosten und haben keine Auswirkung auf die Energiekosten. Das führt zu einem vernachlässigbaren Unterschied in den Langzeitkosten.

Die Langzeitkosten werden von der Indexierung des Strompreises stark beeinflusst. Im Fall des Ist-Zustandes führt die Indexierung nach 20 Jahren zu einem Unterschied der Langzeitkosten von über 30%.

Die Firma hat sich zufolge verschiedener Erfahrungsdetails entschieden, dass 9% Kapitalzinsen und 5% Strompreisindexierung die beste Darstellung für die möglichen Langzeitkosten für sie anbieten. Die Abbildung 21 zeigt die Langzeitkosten für diese Kombination von Parametern.

Nach 20 Jahren haben infolge der Strompreisindexierung alle Sanierungsvarianten sehr ähnliche Gesamtkosten. Die Sanierungsvarianten mit Dachdämmung weisen die größten Sanierungskosten auf und haben die gleiche Wirtschaftlichkeit nach 20 Jahren, wie die günstigeren Sanierungsvarianten.

Die zwei Sanierungsvarianten aus WDVS-EPS mit 18 cm und 30 cm Dämmstärke weisen mit den indexierten Strompreisen annähernd vergleichbare Werte.

Die Sanierungsvariante aus WDVS-EPS mit 18 cm Dämmstarke ist, zufolge dieser Ergebnisse, die kostenoptimalste Lösung für das betrachtete Gebäude. Es hat die kleinsten Sanierungskosten und führt nach 20 Jahren Nutzung zu den gleichen Langzeitkosten wie die anderen Sanierungsvarianten.

Tabelle 18 - Wirtschaftlichkeit im Fall eines 3% Kapitalzinses

| Variante | Kapitaleinsatz | | 10 Jahre Energiekosten | | 20 Jahre Energiekosten | | 10 Jahre Gesamtkosten | | 20 Jahre Gesamtkosten | |
|---|---|---|---|---|---|---|---|---|---|---|
| | | | | | | | 3% Kapitalzins | | 3% Kapitalzins | |
| | 3% | 9% | 3%Strom-Index | 5% Strom-Index | 3% Strom-Index | 5% Strom-Index | 3% Index | 5% Index | 3% Index | 5% Index |
| IST- Zustand | €,0.00 | €,0.00 | €275,679.79 | €334,137.85 | €740,981.17 | €1088,550.69 | €275,679.79 | €334,137.85 | €740,981.17 | €1088,550.69 |
| WDVS 18cm EPS | €126,974.62 | €130,727.56 | €183,025.60 | €221,836.28 | €491,942.20 | €722,695.86 | €310,000.22 | €348,810.90 | €618,916.82 | €849,670.48 |
| WDVS 30cm EPS | €137,755.48 | €141,827.07 | €176,042.96 | €213,372.98 | €473,174.04 | €695,124.19 | €313,798.45 | €351,128.46 | €610,929.53 | €832,879.67 |
| WDVS 18cm EPS + 20cm Dach | €260,820.64 | €268,529.62 | €155,229.34 | €188,145.81 | €417,230.51 | €612,939.41 | €416,049.98 | €448,966.45 | €678,051.15 | €873,760.05 |
| WDVS 30cm EPS + 20cm Dach | €271,601.50 | €279,629.13 | €147,843.86 | €179,194.24 | €397,379.58 | €583,777.06 | €419,445.37 | €450,795.74 | €668,981.08 | €855,378.57 |

Tabelle 19 - Wirtschaftlichkeit im Fall eines 9% Kapitalzinses

| Variante | Kapitaleinsatz | | 10 Jahre Energiekosten | | 20 Jahre Energiekosten | | 10 Jahre Gesamtkosten | | 20 Jahre Gesamtkosten | |
|---|---|---|---|---|---|---|---|---|---|---|
| | | | | | | | 9% Kapitalzins | | 9% Kapitalzins | |
| | 3% | 9% | 3% Strom-Index | 5% Strom-Index | 3% Strom-Index | 5% Strom-Index | 3% Strom-Index | 5% Strom-Index | 3% Strom-Index | 5% Strom- Index |
| IST- Zustand | €,0.00 | €,0.00 | €275,679.79 | €334,137.85 | €740,981.17 | €1088,550.69 | €275,679.79 | €334,137.85 | €740,981.17 | €1088,550.69 |
| WDVS 18cm EPS | €126,974.62 | €130,727.56 | €183,025.60 | €221,836.28 | €491,942.20 | €722,695.86 | €313,753.16 | €352,563.85 | €622,669.76 | €853,423.42 |
| WDVS 30cm EPS | €137,755.48 | €141,827.07 | €176,042.96 | €213,372.98 | €473,174.04 | €695,124.19 | €317,870.04 | €355,200.05 | €615,001.12 | €836,951.26 |
| WDVS 18cm EPS + 20cm Dach | €260,820.64 | €268,529.62 | €155,229.34 | €188,145.81 | €417,230.51 | €612,939.41 | €423,758.96 | €456,675.44 | €685,760.13 | €881,469.03 |
| WDVS 30cm EPS + 20cm Dach | €271,601.50 | €279,629.13 | €147,843.86 | €179,194.24 | €397,379.58 | €583,777.06 | €427,473.00 | €458,823.37 | €677,008.71 | €863,406.20 |

Tabelle 20 Wirtschaftlichkeit im Fall der Strompreisindexierung mit 3%

| Variante | Kapitaleinsatz | | 10 Jahre Energiekosten | | 20 Jahre Energiekosten | | 10 Jahre Gesamtkosten | | 20 Jahre Gesamtkosten | |
|---|---|---|---|---|---|---|---|---|---|---|
| | 3% | 9% | 3% Strom-Index | 5% Strom-Index | 3% Strom-Index | 5% Strom-Index | 3% Kapitalzins | 9% Kapitalzins | 3% Kapitalzins | 9% Kapitalzins |
| | | | | | | | 3% Index | 3% Index | 3% Index | 3% Index |
| IST- Zustand | €,0.00 | €,0.00 | €275,679.79 | €334,137.85 | €740,981.17 | €1088,550.69 | €275,679.79 | €275,679.79 | €740,981.17 | €740,981.17 |
| WDVS 18cm EPS | €126,974.62 | €130,727.56 | €183,025.60 | €221,836.28 | €491,942.20 | €722,695.86 | €310,000.22 | €313,753.16 | €618,916.82 | €622,669.76 |
| WDVS 30cm EPS | €137,755.48 | €141,827.07 | €176,042.96 | €213,372.98 | €473,174.04 | €695,124.19 | €313,798.45 | €317,870.04 | €610,929.53 | €615,001.12 |
| WDVS 18cm EPS + 20cm Dach | €260,820.64 | €268,529.62 | €155,229.34 | €188,145.81 | €417,230.51 | €612,939.41 | €416,049.98 | €423,758.96 | €678,051.15 | €685,760.13 |
| WDVS 30cm EPS + 20cm Dach | €271,601.50 | €279,629.13 | €147,843.86 | €179,194.24 | €397,379.58 | €583,777.06 | €419,445.37 | €427,473.00 | €668,981.08 | €677,008.71 |

Tabelle 21 - Wirtschaftlichkeit im Fall der Strompreisindexierung mit 5%

| Variante | Kapitaleinsatz | | 10 Jahre Energiekosten | | 20 Jahre Energiekosten | | 10 Jahre Gesamtkosten | | 20 Jahre Gesamtkoste | |
|---|---|---|---|---|---|---|---|---|---|---|
| | 3% | 9% | 3% Strom-Index | 5% Strom-Index | 3% Strom- Index | 5% Strom- Index | 3% Kapitalzins | 9% Kapitalzins | 3% Kapitalzins | 9% Kapitalzins |
| | | | | | | | 5% Index | 5% Index | 5% Index | 5% Index |
| IST- Zustand | €,0.00 | €,0.00 | €275,679.79 | €334,137.85 | €740,981.17 | €1088,550.69 | €334,137.85 | €334,137.85 | €1088,550.69 | €1088,550.69 |
| WDVS 18cm EPS | €126,974.62 | €130,727.56 | €183,025.60 | €221,836.28 | €491,942.20 | €722,695.86 | €348,810.90 | €352,563.85 | €849,670.48 | €853,423.42 |
| WDVS 30cm EPS | €137,755.48 | €141,827.07 | €176,042.96 | €213,372.98 | €473,174.04 | €695,124.19 | €351,128.46 | €355,200.05 | €832,879.67 | €836,951.26 |
| WDVS 18cm EPS + 20cm Dach | €260,820.64 | €268,529.62 | €155,229.34 | €188,145.81 | €417,230.51 | €612,939.41 | €448,966.45 | €456,675.44 | €873,760.05 | €881,469.03 |
| WDVS 30cm EPS + 20cm Dach | €271,601.50 | €279,629.13 | €147,843.86 | €179,194.24 | €397,379.58 | €583,777.06 | €450,795.74 | €458,823.37 | €855,378.57 | €863,406.20 |

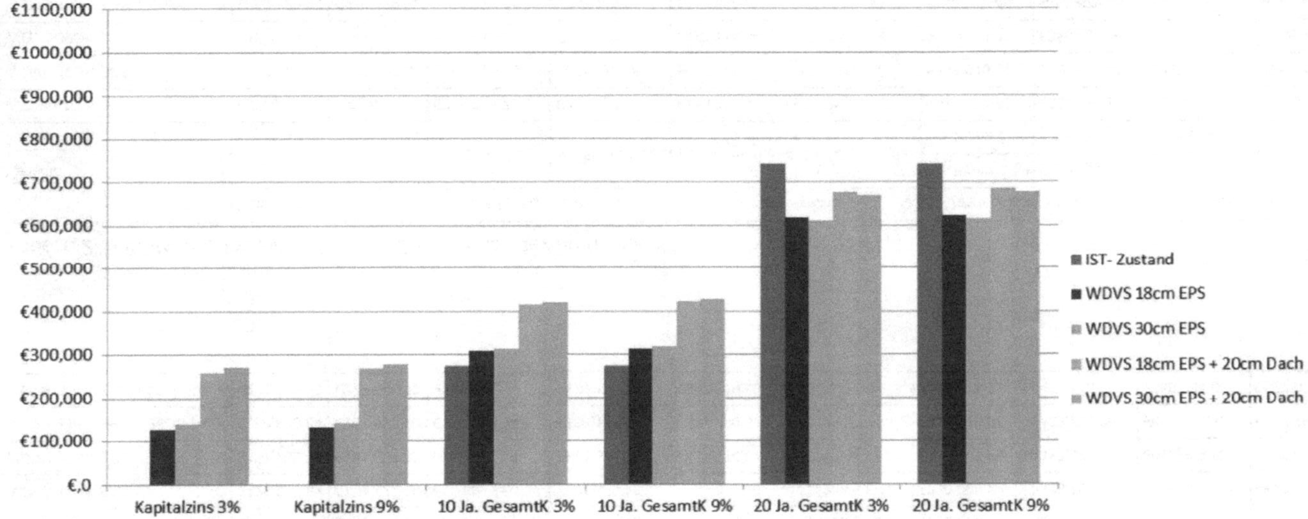


**Kapitalzins 3%** - Die einmalige Kosten für die Sanierung mit 3% Kapitalzins
**Kapitalzins 9%** - Die einmalige Kosten für die Sanierung mit 9% Kapitalzins
**10 Ja. GesamtK 3%** - Summe der Energiekosten und Sanierungskosten nach 10 Jahre mit 3% Kapitalzins
**10 Ja. GesamtK 9%** - Summe der Energiekosten und Sanierungskosten nach 10 Jahre mit 9% Kapitalzins
**20 Ja. GesamtK 3%** - Summe der Energiekosten und Sanierungskosten nach 20 Jahre mit 3% Kapitalzins
**20 Ja. GesamtK 9%** - Summe der Energiekosten und Sanierungskosten nach 20 Jahre mit 9% Kapitalzins

Abbildung 17 - Wirtschaftlichkeit mit 3% Strompreisindexierung

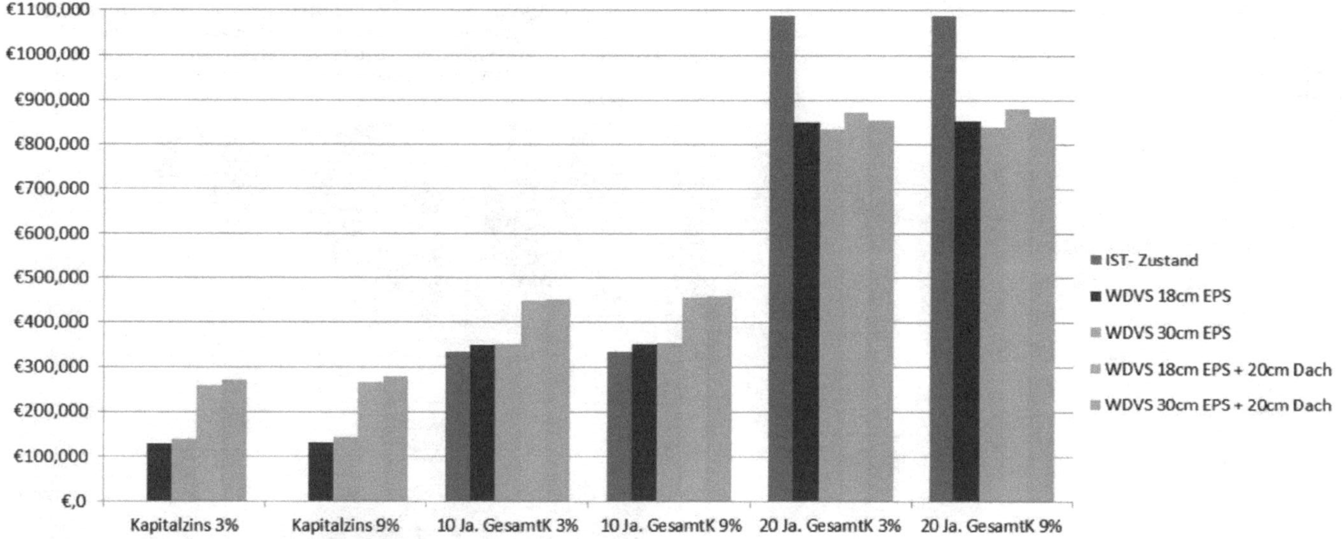


**Kapitalzins 3%** - Die einmalige Kosten für die Sanierung mit 3% Kapitalzins
**Kapitalzins 9%** - Die einmalige Kosten für die Sanierung mit 9% Kapitalzins
**10 Ja. GesamtK 3%** - Summe der Energiekosten und Sanierungskosten nach 10 Jahre mit 3% Kapitalzins
**10 Ja. GesamtK 9%** - Summe der Energiekosten und Sanierungskosten nach 10 Jahre mit 9% Kapitalzins
**20 Ja. GesamtK 3%** - Summe der Energiekosten und Sanierungskosten nach 20 Jahre mit 3% Kapitalzins
**20 Ja. GesamtK 9%** - Summe der Energiekosten und Sanierungskosten nach 20 Jahre mit 9% Kapitalzins

Abbildung 18 - Wirtschaftlichkeit mit 5% Stromindexierung

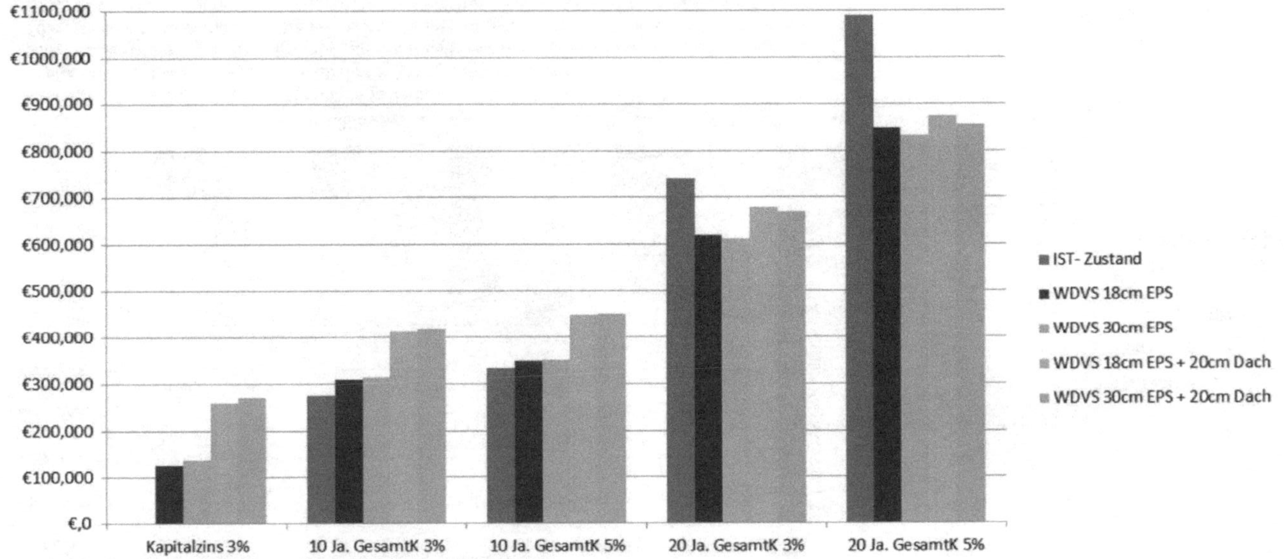


**Kapitalzins 3%** - Die einmalige Kosten für die Sanierung mit 3% Kapitalzins
**10 Ja. GesamtK 3%** - Summe der Energiekosten und Sanierungskosten nach 10 Jahre mit 3% Strompreisindexierung
**10 Ja. GesamtK 5%** - Summe der Energiekosten und Sanierungskosten nach 10 Jahre mit 5% Strompreisindexierung
**20 Ja. GesamtK 3%** - Summe der Energiekosten und Sanierungskosten nach 20 Jahre mit 3% Strompreisindexierung
**20 Ja. GesamtK 5%** - Summe der Energiekosten und Sanierungskosten nach 20 Jahre mit 5% Strompreisindexierung

Abbildung 19 - Wirtschaftlichkeit mit 3% Kapitalzins

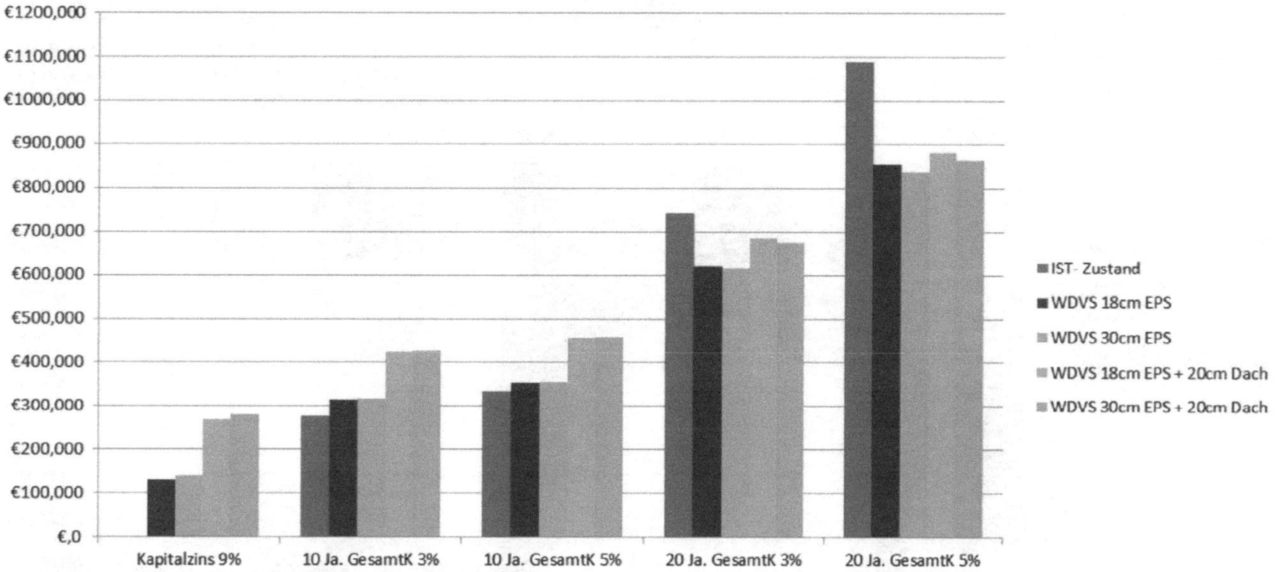


**Kapitalzins 9%** - Die einmalige Kosten für die Sanierung mit 3% Kapitalzins
**10 Ja. GesamtK 3%** - Summe der Energiekosten und Sanierungskosten nach 10 Jahre mit 3% Strompreisindexierung
**10 Ja. GesamtK 5%** - Summe der Energiekosten und Sanierungskosten nach 10 Jahre mit 5% Strompreisindexierung
**20 Ja. GesamtK 3%** - Summe der Energiekosten und Sanierungskosten nach 20 Jahre mit 3% Strompreisindexierung
**20 Ja. GesamtK 5%** - Summe der Energiekosten und Sanierungskosten nach 20 Jahre mit 5% Strompreisindexierung

Abbildung 20 - Wirtschaftlichkeit mit 9% Kapitalzins

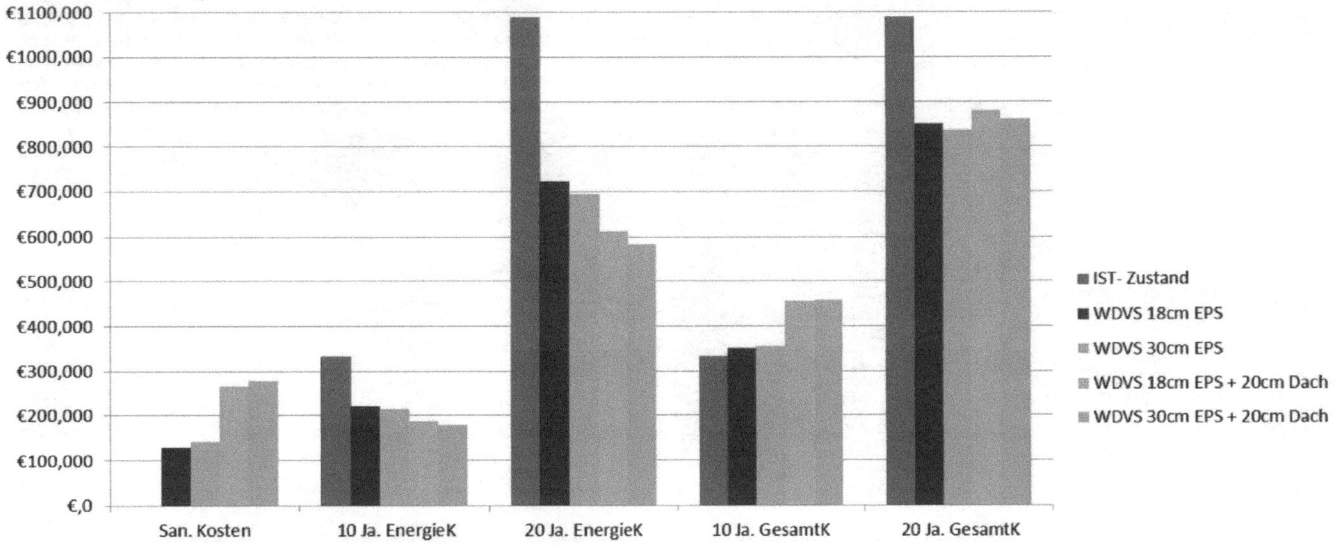


**San.Kosten** - Die einmalige Kosten für die Sanierung
**10 Ja. EnergieK** - Energiekosten nach 10 Jahre
**20 Ja. EnergieK** - Energiekosten nach 20 Jahre
**10 Ja. GesamtK** - Summe der Energiekosten und Sanierungskosten nach 10 Jahre
**20 Ja. GesamtK** - Summe der Energiekosten und Sanierungskosten nach 20 Jahre

Abbildung 21 - Wirtschaftlichkeit mit 9% Kapitalzins und 5% Strompreisindexierung

## 7.4 Vergleich zum Ist-Zustand

In der Abbildung 22 wird der Ist-Zustand mit der Sanierungsvariante mit WDVS-EPS 18 cm und der Installation einer Photovoltaikanlage verglichen.

Beide Sanierungsvarianten (mit und ohne Photovoltaikanlage) weisen im Vergleich zum Ist-Zustand nach 10 Jahren etwas größere Gesamtkosten auf. Nach 20 Jahren sehen wir eine deutliche Senkung der Gesamtkosten. Der Einbau der Photovoltaikanlage führt zu einer weiteren Senkung der Gesamtkosten.

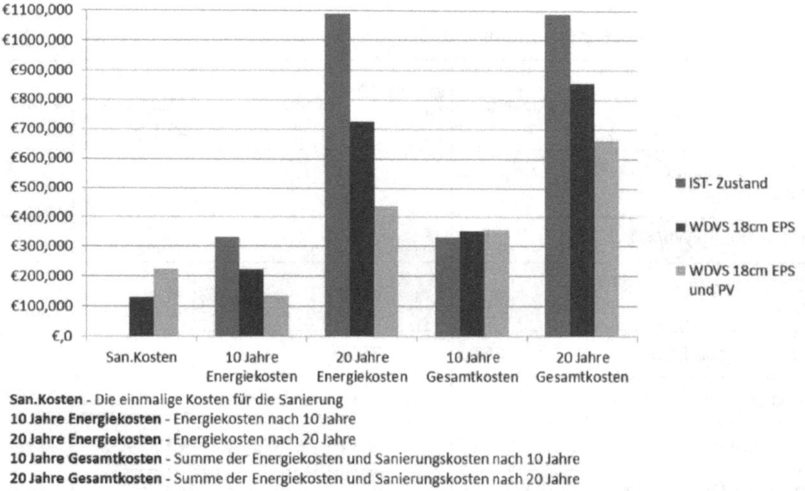


Abbildung 22 - Vergleich zum Ist-Zustand

In der Tabelle 22 werden die Ergebnisse des Ist-Zustands und der Sanierungsvariante mit WDVS-EPS 18 cm dargestellt und miteinander verglichen. Zusätzlich ist der Einfluss der Installation von Photovoltaikanlagen auf die Energiebilanz und die Amortisation abgebildet.

Die Sanierung mit dem WDVS-EPS mit einer Plattenstärke von 18 cm kann zu einer Senkung des Gesamtenergiebedarfs von 33% führen. Auch eine annähernd gleich große Senkung der $CO_2$-Emissionen kann erreicht werden. Der Einbau von Photovoltaikanlagen führt zu einer Senkung der $CO_2$-Emissionen im Vergleich zum Ist-Zustand um knapp 60%.

Nach 10 Jahren Nutzung haben sich die Sanierungskosten noch nicht amortisiert. Nach 20 Jahren sehen wir eine Senkung der Gesamtkosten um 21%, das entspricht €235,127.27. Nach 10 Jahren führt der Einbau von Photovoltaikanlagen, im Vergleich zu dem Fall ohne Photovoltaikanlage, zu etwas größeren Gesamtkosten. Nach 20 Jahren führt der Einbau zu einer Senkung der Gesamtkosten um 39%, das entspricht €426,330.45.

Der Einbau der Photovoltaikanlage führt auch zu einer kleinen Senkung der Amortisation von 11.3 Jahre auf 10.9 Jahre.

Tabelle 22 - Vergleich zum Ist-Zustand

| | Ist-Zustand | WDVS-EPS 18cm | Differenz | WDVS-EPS 18cm und PV | Differenz |
|---|---|---|---|---|---|
| Heizwärmebedarf [kWh/m²] | 169.7 | 104.5 | 65.2 | | |
| Kühlbedarf [kWh/m²] | 11.5 | 8.4 | 3.1 | | |
| Gesamt Energiebedarf [kWh/m²] | 205.3 | 136.3 | 69 | | |
| $CO_2$ Ausstoß [t/Ja] | 85.53 | 56.79 | 28.74 | 34.41 | 51.09 |
| Energie Bedarf [kWh/Ja] | 205131.7 | 136188.2 | -68943.4 | 82532.2 | 122599.5 |
| 10 Jahre Energiekosten | €334,137.85 | €221,836.28 | -€112,301.57 | €134,436.31 | -€199,701.54 |
| 20 Jahre Energiekosten | €1,088,550.69 | €722,695.86 | -€365,854.83 | €437,965.17 | -€605,585.52 |
| 10 Jahre Gesamtkosten (Sanierungskosten und Energiekosten) | €334,137.85 | €352,563.85 | €18,426.00 | €358,691.38 | €24,553.53 |
| 20 Jahre Gesamtkosten (Sanierungskosten und Energiekosten) | €1,088,550.69 | €853,423.42 | -€235,127.27 | €662,220.24 | -€426,330.45 |
| Amortisation [Ja] | - | 11.3 | | 10.9 | |

## 7.5 Ausführungsmöglichkeiten

Die Sanierungsarbeiten müssen so durchgeführt werden, dass der Betrieb in der Lagerhalle möglichst nicht gestört wird.

Die Arbeiten an der Außenhülle können ohne Probleme von außen durchgeführt werden. Das notwendige Gerüst braucht relativ wenig Platz an der Fassade und wird die Logistik nicht stören.

Die Arbeiten an den PV-Anlagen können, auch bei laufendem Betrieb durchgeführt werden, da sie nur von außen angebaut werden. Der Zutritt zur Dachfläche kann über ein Gerüst erfolgen. Die Tragstruktur wird im Dachkies eingebettet und führt zu keinen Beschädigungen der jetzigen Dachhaut.

Im Falle der Dämmung des Daches würde die Dämmung von innen angebracht werden und ist der Zugang zu der Innenseite der Dachfläche notwendig. Um die Sanierungsarbeiten mit minimaler Störung des Betriebes durchzuführen, können die Dacharbeiten in Teilflächen, die vom Rest der Halle abgetrennt werden können, eingeteilt werden.

# 8 Zusammenfassung

Aus den Ergebnissen der Untersuchungen haben sich drei Sanierungsmaßnahmen als kosteneffektive Lösungen zur Senkung des Energiebedarfs und $CO_2$-Emissionen gezeigt.

Die wirtschaftlichste Sanierungsvariante ist eine Dämmung der Außenwände mit dem WDVS-EPS mit 18 cm Plattenstärke (siehe Abschnitt 7). Die Dämmwirkung der 18 cm Plattenstärke weist energetisch nur minimal schlechtere Werte im Vergleich zu der Sanierungsvariante mit WDVS-EPS 30 cm Plattenstärke auf. Die Sanierungskosten können mit 15% gefördert werden. Nach 10 Jahren Nutzung zeigt diese Variante die kleinsten Langzeitkosten. Der Unterschied zu der Sanierungsvariante mit 30 cm Plattenstärke ist nach 20 Jahren vernachlässigbar.

Die Sanierung der Dachhaut hat bei jeder Variante gute Dämmwirkung gezeigt. Hingegen hat sich die Wirtschaftlichkeit am schlechtesten bewiesen. Der jetzige Zustand der Dachhaut ist der Firma unbekannt. Eine Sanierung des Daches kann zu weiteren unbekannten Kosten führen, die in dieser Arbeit nicht betrachtet werden konnten. Die Tragfähigkeit ist unbekannt, deswegen ist die Dachbegrünung nicht zu empfehlen.

Zusätzlich zur Sanierung der Außenhülle hat sich der Einbau von Photovoltaik-Anlagen auf der Lagerhalle sehr wirtschaftlich gezeigt (siehe Abschnitt 6.5). Durch den Einbau von Photovoltaik-Anlagen kann man schon nach 10 Jahren die Gewinne erzielen. Die Photovoltaik-Anlagen werden von außen angebaut und führen somit zu keinen Änderungen oder Beschädigungen der Außenhülle. Die Montage von Photovoltaik-Anlagen kann eine gute Lösung zur Senkung des Gesamtenergiebedarfs der Lagerhalle sein.

Die beste energetische und wirtschaftliche Lösung ist die Kombination aus der Sanierung der Außenwände mit einem WDVS-EPS mit 18 cm Plattenstärke und der Einbau der Photovoltaik-Anlagen (Abschnitt 7.4). Nach 20 Jahren Nutzung, weisen diese die kleinsten Langzeitkosten und $CO_2$-Emissionen auf. Dank der Förderung der Sanierung und des niedrigen Strompreises ist diese Variante die wirtschaftlichste Lösung für das betrachtete Gebäude.

# 9 Anhang

## 9.1 Abbildungsverzeichnis



## 9.2 Tabellenverzeichnis

## 10 Literatur

[BMW13] Bundesministerium für Wirtschaft, Familie und Jugend: Thermische Gebäudesanierung für Betriebe 2013.

[EUR11] Europäische Kommission: Energieeffizienzplan 2011

[EUR12] Europäische Kommission: Richtlinie 2012/27/EU vom 25. Oktober 2012

[HUB11] Huber, Gerhard; Halbmayer, Helmut; Hollinsky , Karlheinz, Hollinsky; Pass, Friedrich; Pöhn, Christian; Pommers, Georg; Wietek, Bernhard: Baustoffkunde. Technologie der Bau- und Werkstoffe. 5. Überarbeitete und ergänzte Auflage. Wien: Manz Vorlage Schulbuch GmbH, 2011.

[JOH03] Johnson Controls: Funktionsbeschreibung Anlage Geb. 060 Lüftung – Hochregallager. 2003

[KLI13] Klima- und Energiefonds: Leitfaden Photovoltaik-Anlagen 2013. Eine Förderaktion des Klima- und Energiefonds der österreichischen Bundesregierung.

[KOM13] Komatsu Forklift U.S.A Inc. : Lagerstapler. http://www.zeidlerstapler.at/cms/upload/Produkte/Komatsu/Kom_Lagertechnik_bersichtsprospekt.pdf 15.10.2013

[KRA10] Krapfenbauer, Thomas: Bautabellen 17. Auflage. Wien: Verlag Jugend & Volk GmbH 2009

[LAN13] Land Wien: Photovoltaik 2013. Ladeförderung Wien.

[OEM13] OeMAG: Photovoltaik. Information zum Ablauf der Förderung von Photovoltaikanlagen. http://www.oem-ag.at/de/foerderung/photovoltaik 07.10.2013

[ONO11] OIB-Richtlinie 6. Energieeinsparung und Wärmeschutz. Wien: Österreichisches Institut für Bautechnik , Oktober 2011.

[PHO13] Photovoltaik-Preisindex. http://www.photovoltaik-guide.de/pv-preisindex. 08.2013

[POH12] Pöhn, Christian; Pech, Anton; Bednar, Thomas; Streicher, Wolfgang: Bauphysik. Erweiterung 1: Energieeinsparung und Wärmeschutz. Energieausweis – Gesamtenergieeffizienz. 2. Auflage. Wien: Springer-Verlag 2012.

[RIC10] Riccabona, Christof; Bednar, Thomas: Baukonstruktionslehre 4. Bauphysik. 8., überarbeite Auflage. Wien: Manz Verlag Schulbuch GmbH, 2010.

[STI13a] STILL GmbH: ESM Technische Daten Elektro-Standgabelstapler. http://www.still.de/downloads.php?filename=ESM_DE_2013_TD_web. pdf&backuri=esm-datenblatt.0.0.html&type=datasheet 15.10.2013

[STI13b] STILL GmbH: SV 12 Technische Daten Stand-Hochhubwagen. http://www.still.de/downloads.php?filename=SV_DE_2013_TD_web.p df&backuri=sv-datenblatt.0.0.html&type=datasheet 15.10.2013

[WIR13] Wirtschaftskammer Österreich: Inflationsraten. http://wko.at/statistik/eu/europa-inflationsraten.pdf

[ZIN13a] ZinCo GmbH: Planungshilfe. Systeme für die extensive Dachbegrünung. http://www.zinco.de/downloads/planungshilfen_pdfs/Extensive_Dachb egruenung.pdf 9.09.2013

[ZIN13b] ZinCo GmbH: Planungshilfe. Systeme für die intensive Dachbegrünung.

http://www.zinco.de/downloads/planungshilfen_pdfs/Intensive_Dachbegruenung.pdf 9.09.2013

[ZIN13c] ZinCo GmbH: Planungshilfe. Solarenergie und Dachbegrünung. http://www.zinco.de/downloads/planungshilfen_pdfs/Solarenergie_Dachbegruenung.pdf. 9.09.2013

FSC
www.fsc.org
MIX
Papier | Fördert gute Waldnutzung
FSC® C083411

Kolibri 360 GmbH
Ferdinand-Jühlke-Straße 7
99095 Erfurt, Deutschland
produktsicherheit@kolibri360.de

Druck:
CPI Druckdienstleistungen GmbH
im Auftrag der
Kolibri 360 GmbH
Ferdinand-Jühlke-Str. 7
99095 Erfurt